第一次也能学会的
编织手作大牌包

日本文艺社 编著

项晓笈 译

河南科学技术出版社

· 郑州 ·

目录

书中的作品尺寸并非精确数字。由于印刷的原因,作品颜色与实际线材颜色可能存在差异。
作品所使用的线材以 2019 年 3 月的商品描述为准。

本书收录了 27 款编织而成的包袋，

搭配市售的皮革底衬板、提手、五金件、塑料网格片等材料，

成品简约大方，各具风格，

能搭配各种风格的服饰。

适合出行携带，也可以作为日常使用的购物包袋，

轻轻松松适应各种场合。

如果在书中遇到喜欢的款式，请尝试着来体验编织一下吧。

按照自己的喜好，选择不同的颜色和尺寸，也许会有意外的惊喜！

本书中使用的"HAMANAKA ECO ANDARIA"线是一种由木浆中提取的

纤维制成的天然环保线材。全系列 57 色，色彩变化丰富，顺滑易于编织。

01
有侧袋的拎包

通常会使用自然色的线编织，当然
也可以选择像亮粉色这样醒目的颜
色。这款包附有 6 个侧袋，作为
工具包或是园艺包，都很称手好用。

设计：blanco
制作方法：p.40

A

B

02
斜 纹 花 样 手 提 包

简洁自然的包型，搭配同样大方美观的斜纹花样。整个提包的钩织一气呵成，最大的亮点在于使用虾编钩法织成的提手。

设计：Riko Ribbon
制作方法：p.42

03

斜纹花样长款手提包

原色和黑色，双色组合，斜纹花样。
选择皮革长提手，端庄典雅。

设计：Riko Ribbon
制作方法：p.43

04

猫 咪 搭 扣 包

提包的搭扣钩织成一只猫咪的样
子，这样的设计让爱猫之人爱不
释手。整个作品只使用了黑色线
材，非常符合成年人的优雅气质。

设计：小鸟山印子
制作方法：p.44

05

阿 兰 花 样 手 提 包

用钩针完成的阿兰花样，和完
全不同材质的提手相互搭配。
外观大气，挺括耐用，别有一
种帅气的风格。

设计：小鸟山印子
制作方法：p.46

06

梅尔卡多包

梅尔卡多包采用了塑料网格
片，包身硬挺。在网格片上进
行钩编，再装饰以刺绣，配合
钩编完成的提手，体现了自然
和谐的风格。

设计：Riko Ribbon
制作方法：p.49

A

B

07
环 保 袋

这个包型和常用的购物袋一
样。东西少的时候，可以把一
只提手套在另一只提手上，变
成便携款。袋口装饰有金属纽
扣，东西多的时候也不用担心
包里的物品会滑落出来。

设计：blanco
制作方法：p.54

08
圆桶形网格包

从头至尾不用断线，在塑料网格片上钩出几何花样，很有知性的感觉。简单的水桶包型，推荐搭配束口袋一起使用。

设计：小鸟山印子
　　　藤原宏子（HAMANAKA 企划部）

制作方法：p.56

A

09

镂空网眼手提包

镂空的格子花样里，露出另
一种显眼的颜色，是相当吸
引眼球的设计。双色的设计，
用不同的颜色搭配会有完全
不同的效果。

设计：Riko Ribbon
制作方法：p.60

B

10
肩背束口袋

这是一款既可以单肩背也可以斜挎的包袋。镂空的花样干净清爽，相当契合夏天的恬静优雅。

设计：blanco
制作方法：p.62

11
带锁扣的网格包

长方包型，塑料网格片与织片的绝佳组合，搭配了拧锁锁扣和独特的提手，不仅使包袋更为实用，也大大地提升了整体的质感。

设计：武智美惠
制作方法：p.64

12
古典圆包

可以单肩背的圆包，花样古典大
气，极富时尚感。

设计：小鸟山印子
制作方法：p.66

13
带盖的格纹包

本款主体使用塑料网格片，上侧开口附有包盖，底部装有脚钉，可以稳妥放置，不易变形。适合各种日常场合，也易于搭配不同衣着。

———————————

设计：小鸟山印子
制作方法：p.68

14

缩 褶 绣 拎 包

基础的包款装饰缩褶绣后，呈现出
完全不同的独特魅力。可以日常使
用，也非常符合成熟女性的风格。

设计：blanco
制作方法：p.72

15

单 提 手 手 拎 包

用一片较宽的织片当提手，配上色彩丰富的刺绣，彰显满满的盛夏热情。大大的包身，可以装下不少随身物品，非常适合出游时使用。

设计：小鸟山印子
制作方法：p.74

16

圆桶形格子包

裁剪塑料网格片，做成圆桶形的
格子包。本款外形具有皮质包袋
的高档感，同时也相当沉稳大方。
内置的束口袋也可以单独取出来
使用。

设计：Riko Ribbon
制作方法：p.76

A

17

摩洛哥风情拎包

简单的包型,配上传统的民族图案,
既简约大方，又热情浪漫。同样的
图案设计，只更换配色，就能展现
出完全不同的风格。

设计：Miya
制作方法：p.80

B

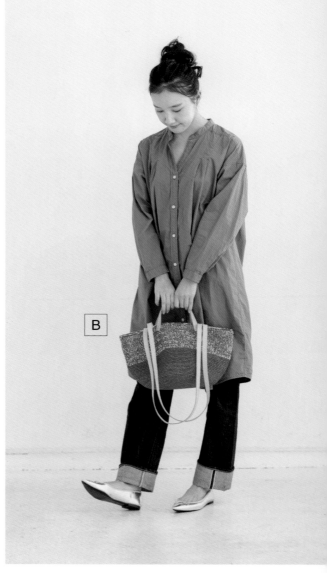

18
双色两用包

本款是用两种线材、两种颜色和谐搭配，编织出可以手拎、肩挎的两用包。

设计：Miya
制作方法：p.82

19

亮色侧边四方包

款式别致的塑料网格包，上方装有磁扣，
开合方便，是适合各类场合的款式。

———————————————

设计：Riko Ribbon
制作方法：p.84

20
竹柄托特包

长方形的大包，侧边细长，精
致干练。竹制的提手也相当配
这种风格。

设计：blanco
制作方法：p.87

21
网格刺绣包

利用塑料网格片的格子进行刺绣，
勾勒出清新明快的包身，非常适合
夏天使用。必要的时候，也可以在
里面搭配同色的内袋一起使用。

设计：佐佐木美枝子
制作方法：p.89

B

A

B

01　有侧袋的抍包

p.6

[线]　A：HAMANAKA ECO ANDARIA 浅驼色（169）350g
B：HAMANAKA ECO ANDARIA 亮粉色（181）350g
[针]　6/0号钩针、毛线缝针
[其他]　A、B通用：椭圆形皮革底衬板米色（H204-618-1）1片、圆形磁扣（18mm古铜色/H206-041-3）1组、衬布适量
[编织密度]* 短针20针24行=10cm×10cm
编织花样22针=10cm、2组花样（4行）=3.5cm

[完成尺寸]　参照图示
[制作方法]
❶钩织包袋主体。从皮革底衬板的孔内一共钩出158针短针，第2行钩短针条纹针，第3行起钩短针至第56行，按图解加针。
❷钩织2片侧袋。锁针起针80针，钩织花样18行，按图解加针。
❸钩织2片提手。
❹分别将2片侧袋与包袋主体缝合（参照图示A侧袋缝合方法1、2）。
❺包袋主体袋口折边，用卷针缝缝合（参照图示A）。
❻安装提手（参照图示A）。

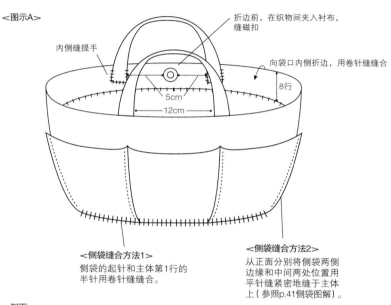

<图示A>

内侧缝提手

折边前，在织物间夹入衬布，缝磁扣

向袋口内侧折边，用卷针缝缝合

8行

5cm

12cm

<侧袋缝合方法1>
侧袋的起针和主体第1行的半针用卷针缝缝合。

<侧袋缝合方法2>
从正面分别将侧袋两侧边缘和中间两处位置用平针缝紧密地缝于主体上（参照p.41侧袋图解）。

*说明：在本书中，"短针20针24行=10cm×10cm"是指钩织20针、24行短针完成的织片，尺寸为10cm×10cm。

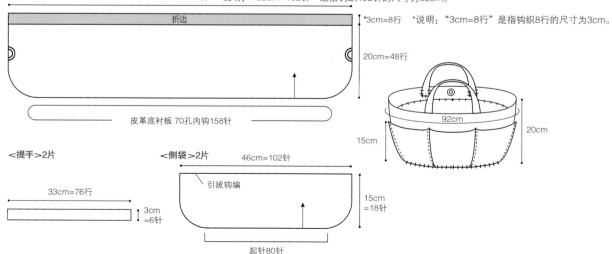

<侧面>

*92cm=182针　*说明："92cm=182针"是指钩织182针的尺寸为92cm。

折边

*3cm=8行　*说明："3cm=8行"是指钩织8行的尺寸为3cm。

20cm=48行

皮革底衬板 70孔内钩158针

92cm

15cm

20cm

<提手>2片

33cm=76行

3cm=6针

<侧袋>2片

46cm=102针

引拔钩编

15cm=18针

起针80针

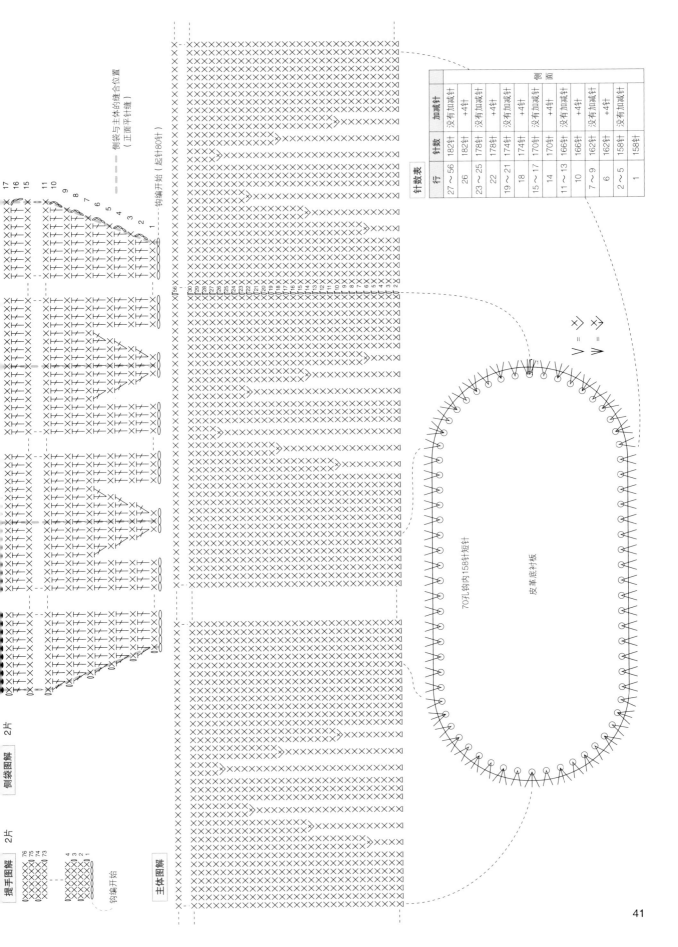

针数表

行	针数	加减针	侧面
27~56	182针	没有加减针	
26	182针	+4针	
23~25	178针	没有加减针	
22	178针	+4针	
19~21	174针	没有加减针	
18	174针	+4针	
15~17	170针	没有加减针	
14	170针	+4针	
11~13	166针	没有加减针	
10	166针	+4针	
7~9	162针	没有加减针	
6	162针	+4针	
2~5	158针	没有加减针	
1	158针		

侧袋与主体的缝合位置（正面平针缝）

钩编开始（起针80针）

提手图解 2片

侧袋图解 2片

主体图解

钩编开始

皮革底衬板

70孔钩内158针短针

V = ⊠
⋁ = ⊠

41

02 斜纹花样手提包

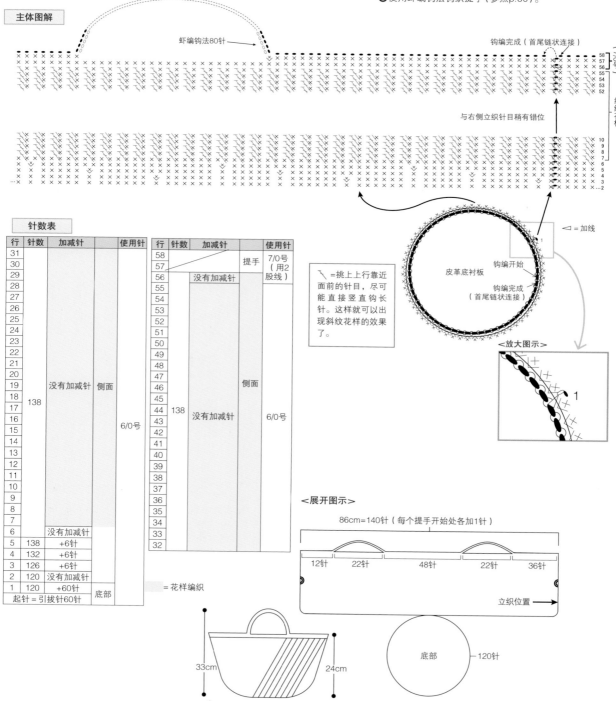

[线] HAMANAKA ECO ANDARIA 米色(23)270g
[针] 6/0号钩针(起针~第55行)、7/0号钩针(第56~58行)、毛线缝针
[其他] 皮革底衬板深咖色(H204-616)1片
[编织密度] 编织花样17针21行=10cm×10cm
[完成尺寸] 参照图示

[制作方法]
❶ 皮革底衬板一周钩引拔针,首尾链状连接,藏好线头(起针针目)。
❷ 参照主体图解,从每一针起针针目(引拔针)中钩出2针短针,一共加出60针。
❸ 参照主体图解,钩织主体(详见红框文字)。
❹ 从第56行加一股线,换7/0号钩针继续钩织。
❺ 使用虾编钩法钩织提手(参照p.60)。

主体图解

虾编钩法80针

钩编完成(首尾链状连接)

与右侧立织针目稍有错位

取用2股线(7/0号) 编织花样

◁ = 加线

↘ =挑上上行靠近面前的针目,尽可能直接竖直钩长针。这样就可以出现斜纹花样的效果了。

皮革底衬板

钩编开始

钩编完成(首尾链状连接)

<放大图示>

针数表

行	针数	加减针		使用针
31				
30				
29				
28				
27				
26				
25				
24				
23				
22				
21				
20				
19		没有加减针	侧面	
18	138			
17				6/0号
16				
15				
14				
13				
12				
11				
10				
9				
8				
7				
6		没有加减针		
5	138	+6针		
4	132	+6针		
3	126	+6针		
2	120	没有加减针		
1	120	+60针		底部
起针= 引拔针60针				

行	针数	加减针		使用针
58				提手 7/0号(用2股线)
57				
56		没有加减针		
55				
54				
53				
52				
51				
50				
49				
48				
47				
46				侧面
45				
44	138	没有加减针		6/0号
43				
42				
41				
40				
39				
38				
37				
36				
35				
34				
33				
32				

= 花样编织

<展开图示>

86cm=140针(每个提手开始处各加1针)

| 12针 | 22针 | 48针 | 22针 | 36针 |

立织位置

33cm
24cm
43cm

底部 120针

03 斜纹花样长款手提包

[线] HAMANAKA ECO ANDARIA 米色(23)130g、黑色(30)180g、缝线(黑色)少许
[针] 6/0号钩针、手缝针、毛线缝针
[其他] 皮革底衬板米色(H204-619)1片、真皮提手(黑色1.5cm×40cm/LH-004)1副
[编织密度] 编织花样17针29行=10cm×10cm
[完成尺寸] 参照图示

[制作方法]
❶ 皮革底衬板一周钩引拔针,首尾链状连接,藏好线头(起针针目)。
❷ 参照主体图解,从每一针起针针目(引拔针)中钩出2针短针,一共加出60针。
❸ 参照图解,钩织主体(详见红框文字)。
❹ 使用缝线缝合提手(参照图示)。

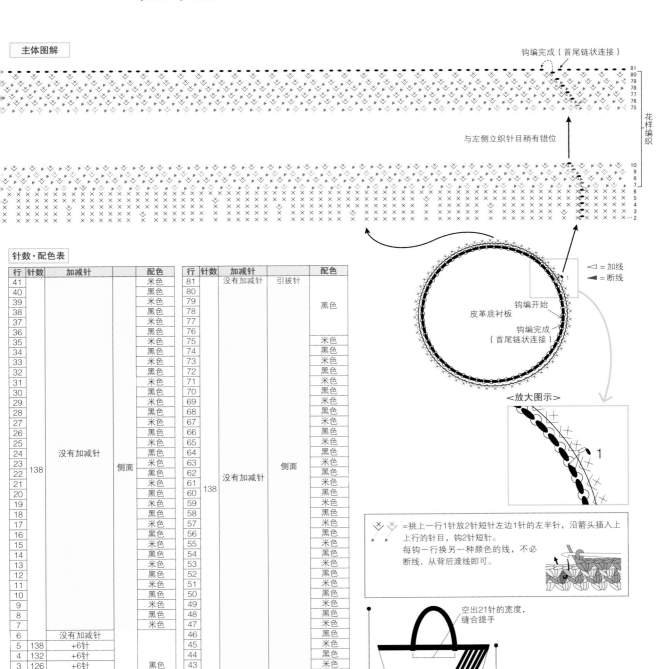

主体图解

针数·配色表

行	针数	加减针		配色
41				米色
40				黑色
39				米色
38				黑色
37				米色
36				黑色
35				米色
34				黑色
33				米色
32				黑色
31				米色
30				黑色
29				米色
28				黑色
27				米色
26				黑色
25				米色
24				黑色
23	138	没有加减针	侧面	米色
22				黑色
21				米色
20				黑色
19				米色
18				黑色
17				米色
16				黑色
15				米色
14				黑色
13				米色
12				黑色
11				米色
10				米色
9				米色
8				黑色
7				米色
6		没有加减针		黑色
5	138	+6针		黑色
4	132	+6针		黑色
3	126	+6针		黑色
2	120	没有加减针		黑色
1	120	+60针	底部	黑色
起针 = 引拔针60针				

行	针数	加减针		配色
81		没有加减针	引拔针	
80				
79				黑色
78				
77				
76				
75				米色
74				黑色
73				米色
72				黑色
71				米色
70				黑色
69				米色
68				黑色
67				米色
66				黑色
65				米色
64				黑色
63	138	没有加减针	侧面	米色
62				黑色
61				米色
60				黑色
59				米色
58				黑色
57				米色
56				黑色
55				米色
54				黑色
53				米色
52				黑色
51				米色
50				黑色
49				米色
48				黑色
47				米色
46				黑色
45				米色
44				黑色
43				米色
42				黑色

= 花样编织

钩编完成(首尾链状连接)

与左侧立织针目稍有错位

花样编织

◁ = 加线
◀ = 断线

皮革底衬板
钩编开始
钩编完成(首尾链状连接)

<放大图示>

1

=挑上一行1针放2针短针左边1针的左半针,沿箭头插入上一行的针目,钩2针短针。
每钩一行换另一种颜色的线,不必断线,从背后渡线即可。

空出21针的宽度,缝合提手

39cm   25cm
41cm

04 猫咪搭扣包

[线] HAMANAKA ECO ANDARIA 黑色（30）300g

[针] 7/0号钩针、5/0号钩针、毛线缝针

[其他] 椭圆形皮革底衬板深咖色（H204-618-2）1片、圆形磁扣（18mm古铜色/H206-041-3）1组、方扣40mm 4个、附垫圈的动物眼睛（黄色15mm 2组）、手工用黏合剂

[编织密度] 编织花样15针19行=10cm×10cm

[完成尺寸] 参照图示

[制作方法] ※织物的背面最后作为正面。

❶钩织主体。使用7/0号钩针，从皮革底衬板背面钩140针短针，按图解钩织花样至第50行，没有加减针。完成后回到背面。

❷制作猫咪搭扣。分别钩织脸部、搭扣和前腿。参照图示A，在脸部装上动物眼睛，绣出眼睑、鼻子。参照图示B，在指定位置用卷针缝缝合，组合各个部分，缝合磁扣公扣。

❸制作提手。钩织提手和连接方扣的部分，参照图示C、D组合，缝合在包袋主体上。

❹参照主体展开图示，把磁扣母扣缝合于指定位置。

主体图解

7/0号钩针圈织

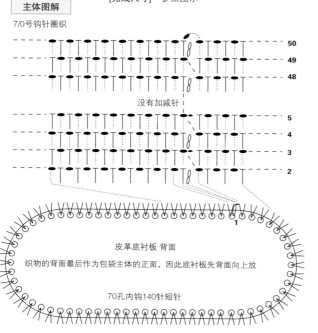

皮革底衬板 背面

织物的背面最后作为包袋主体的正面，因此底衬板先背面向上放

70孔内钩140针短针

※偶数行结束处不用引拔立织，在下一针针目处引拔（下一行的第一针）。

$\lor$ = $\times$ = 1针放2针短针

- - - - 继续上一针钩织

⋯⋯ 挑上一针钩织

耳朵图解

猫咪脸部图解

钩织耳朵位置

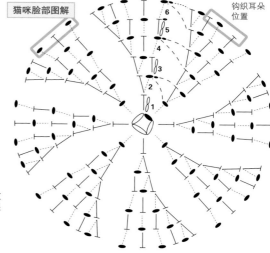

<图示A> 把猫咪脸部翻到背面，缝合动物眼睛。取2股线，使用毛线缝针按图示编号顺序，用直线绣针法绣出眼睑。

取2股线，使用毛线缝针绣1cm左右直线绣，完成鼻子。在绣好的眼睑下方涂上黏合剂固定眼睛。

↓正面入针、背面出针
↑背面入针、正面出针

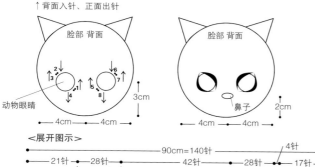

脸部 背面

动物眼睛

4cm 4cm 3cm

脸部 背面

鼻子

4cm 4cm 2cm

<展开图示>

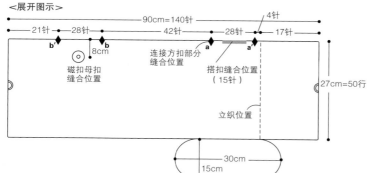

90cm=140针
21针 28针 42针 28针 4针 17针
8cm
磁扣母扣缝合位置
连接方扣部分缝合位置
搭扣缝合位置（15针）
立织位置
27cm=50行

30cm
15cm

在方扣上缝提手

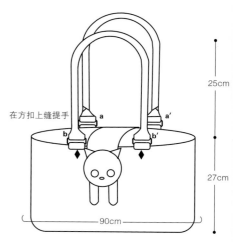

90cm 25cm 27cm

44

猫咪搭扣图解

7/0号钩针往返钩编

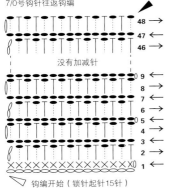

48 →
47 ←
46 →

没有加减针

9 ←
8 →
7 ←
6 →
5 ←
4 →
3 ←
2 →
1 →

钩编开始（锁针起针15针）

◢ 断线
← 按箭头方向进行钩编

猫咪前腿图解 2片

5/0号钩针圈织

16 没有加减针
3
2
1
线环

连接方扣部分图解 4片

5/0号钩针往返钩编

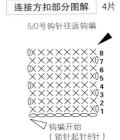

8
7
6
5
4
3
2
1

钩编开始
（锁针起针8针）

提手图解 2片

5/0号钩针往返钩编

120
119
118
117

没有加减针

4
3
2
1

钩编开始
（锁针起针8针）

<图示C>

把钩好的连接方扣的部分穿过方扣，对折后用卷针缝缝合，
再缝于包袋主体指定位置。

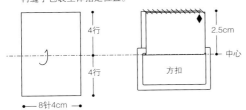

4行
4行
2.5cm
中心
方扣
8针4cm

<图示B>

用蒸汽熨斗熨平钩好的前腿部分，用卷针缝缝合于指定位置。
磁扣公扣缝于指定位置。
沿图示虚线，把完成的猫咪脸部缝合于搭扣上。
参照展开图示的位置，用卷针缝缝合搭扣。

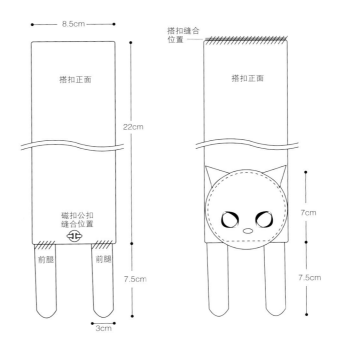

8.5cm
搭扣正面
22cm
搭扣缝合位置
搭扣正面
7cm
磁扣公扣缝合位置
7.5cm
前腿 前腿
3cm
7.5cm

<图示D>

提手于指定位置三折，
边缘用卷针缝固定。

提手两端穿过方扣，对折后用卷针缝缝合。

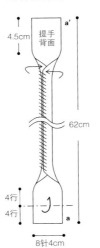
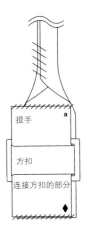

4.5cm
提手背面
62cm
4行
4行
a
8针4cm

提手
方扣
连接方扣的部分

45

05 阿兰花样手提包

[线] HAMANAKA ECO ANDARIA 柠檬黄色(19) 260g

[针] 6/0号钩针、手缝针、毛线缝针

[其他] 轧花提手咖色(45cm×45mm/KT202)1副、缝线(咖色)

[编织密度] 短针18针22行=10cm×10cm
中间编织花样18针9行=10cm×10cm
两侧编织花样18针7行=10cm×10cm

[完成尺寸] 参照p.48图示

[制作方法]

❶ 钩织主体。底部锁针起针16针,钩至第24行,按照图解加针。继续编织侧面至第47行(参照p.48阿兰花样)。

❷ 在指定位置缝合提手(参照p.48展开图示)。

针数表

行	针数	加减针	部分
24	160	没有加减针	
23	160		
22	160		
21	154		
20	148		
19	142		
18	136		
17	130		
16	124		
15	118		
14	112		
13	106	+6针	底部
12	100		
11	94		
10	88		
9	82		
8	76		
7	70		
6	64		
5	58		
4	52		
3	46		
2	40		
1	34		
起针 = 16针			

行	针数	加减针	部分
47			边缘钩编
46			
45			
44	192	没有加减针	
43			
42			
41			
40	192	+4针	
39	188	没有加减针	
38	188	+4针	
37	184	没有加减针	
36	184	+4针	
35	180	没有加减针	侧面
34	180	+4针	
33	176	没有加减针	
32	176	+4针	
31	172	没有加减针	
30	172	+4针	
29	168	没有加减针	
28	168	+4针	
27	164	没有加减针	
26	164	+4针	
25	160	没有加减针	

主体图解

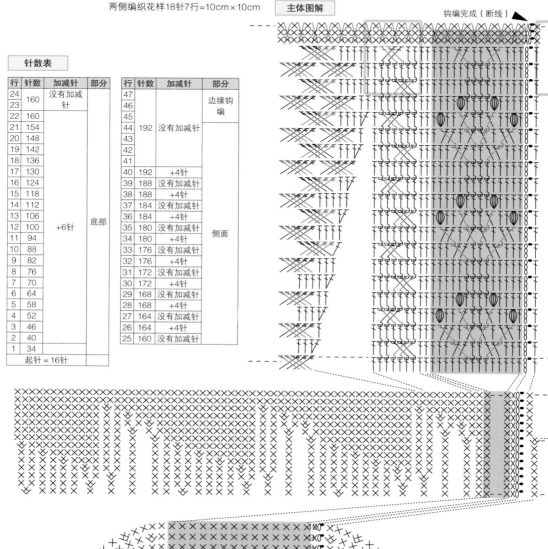

钩编完成(断线)

钩编开始(起针16针)

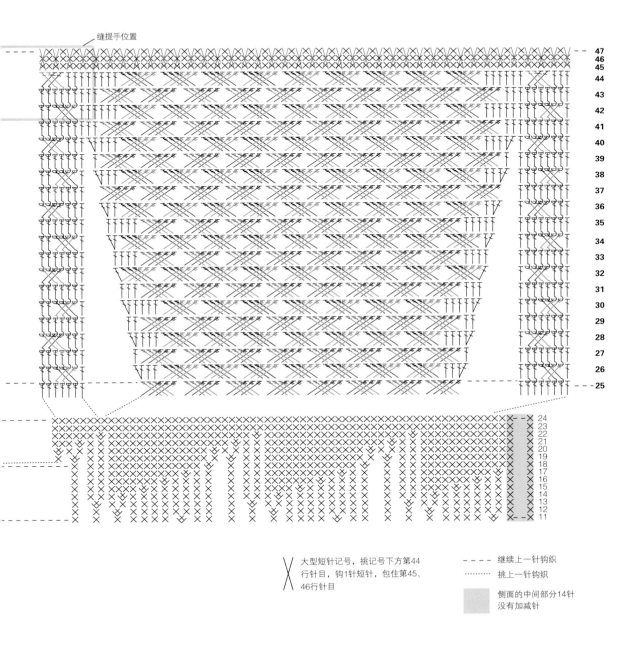

缝提手位置

47

大型短针记号，挑记号下方第44
行针目，钩1针短针，包住第45、
46行针目

- - - - 继续上一针钩织

········· 挑上一针钩织

侧面的中间部分14针
没有加减针

<阿兰花样(交叉钩织)>

321 2针长针和1针表引长针
交叉(左上交叉)

①挑上一行❸长针尾部,钩1针表引长针(也叫长针的正拉针,做法参照p.95)。

②针上挂线,在表引长针的后方沿箭头方向入针,按2、3的顺序,各钩1针长针。

③完成。

321 1针表引长针和2针长针
交叉(右上交叉)

①挑上一行❷、❸针目,按1、2的顺序,各钩1针长针。

②针上挂线,挑上一行❶针尾部。

③钩1针表引长针。

4321 2针表引长针和2针表引长针(左上交叉)

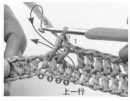

①挑上一行❸、❹针目,钩2针表引长针。然后沿箭头方向,在❶入针,钩1针表引长针。

②用和第3针同样的方法完成第4针。

4321 2针表引长针和2针表引长针(右上交叉)

①挑上一行❸、❹针目,钩2针表引长针。然后沿箭头方向,在❶入针,钩1针表引长针。

②用和第3针同样的方法完成第4针。

654321 3针长长针和3针长长针
交叉(左上交叉)

①挑上一行❹、❺、❻针目,按1、2、3的顺序,各钩1针长长针。

②钩针挂线2圈,沿箭头方向于上一行❶入针,在第1、2、3的背后各钩1针长长针。

③同步骤②,在上一行的❷、❸处完成第5针和第6针长长针。

654321 3针长长针和3针长长针
交叉(右上交叉)

①挑上一行❹、❺、❻针目,按1、2、3的顺序,各钩1针长长针。

②沿箭头方向于上一行❶入针,在第1、2、3针的前面钩1针长长针。以同样的方法,在上一行的❷、❸处各钩1针长长针。

③完成。

<展开图示>

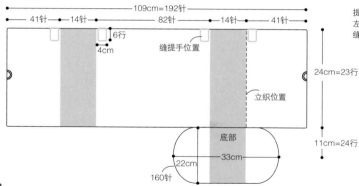

提手两端各内折1cm左右,沿虚线用回针缝缝合于包袋主体

A

B

06 梅尔卡多包

p.14

[线] A：a HAMANAKA ECO ANDARIA 土黄色（59）
220g、b 浅驼色（169）110g
B：a HAMANAKA ECO ANDARIA 红色（7）240g、b白
色（1）90g
[针] 7/0号钩针、毛线缝针 2根
[其他] A、B通用：铆钉（头部直径10mm、长度
10mm，古铜金色）4组、薄皮子（10cm×10cm）1片、
AMIAMIFINE塑料网格片白色（H200-372-1）1片
[完成尺寸] 参照图示

[制作方法]
❶参照主体裁剪图示，裁剪出塑料网格片的各个部分。
❷对齐塑料网格片主体部分的合印点所在格子，形成圆
筒状（参照主体组合图示）。
❸主体（侧面）纵向进行钩编（参照p.50主体纵向图解、
袋口图解）。
❹横向使用指定线进行刺绣（参照p.50主体横向图解）。
❺钩织底部（参照p.51底部纵向图解、底部横向图解、边
缘图解）。
❻钩织提手（参照p.51提手图解）。
❼拼接底部与主体（参照p.51主体、底部拼接图示）。
❽用铆钉安装提手（参照p.51提手安装图示）。
※塑料网格片上的钩编方法参照p.92。

主体裁剪图示

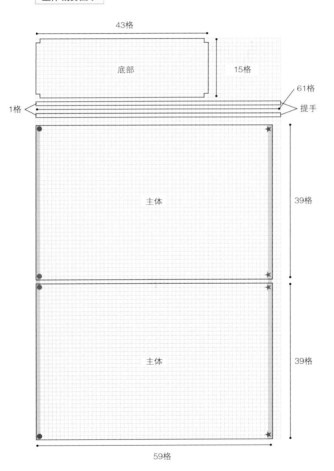

主体组合图示

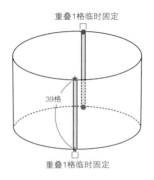

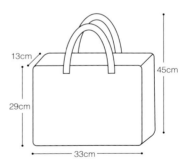

[制作方法] ❸

| 主体纵向图解、袋口图解 | 使用线：a |

❶参照图解，纵向之字钩编（参照p.92）。

❷边缘重叠的格子部分，2片一起钩编（参照主体组合图示）。

❸纵向钩编完成，上下两端绿色记号处钩引拔针，并按图解钩织袋口
（参照p.92）。

※改变钩编方向时，粗线记号作为同色编织的第1针。

[制作方法] ❹

| 主体横向图解 |

❶使用2根毛线缝针，按p.52、p.53的配色表横向刺绣花样。

❷把约5.5m的线对折剪成2段，取1段线两头穿针。

❸参照下图所示，需要露出纵向颜色时，就从下方穿过；需要露出横
向颜色时，就从上方穿过。

❹参照p.52、p.53的刺绣图样，从第20行至第1行，从第21行至第37
行，按这个顺序横向刺绣。每一行完成后处理线头。

袋口侧

①钩编完成
（首尾链状连接）

①钩编开始

③钩编完成
（首尾链状连接）

③钩编开始

④袋口钩编完成
（首尾链状连接）

④袋口钩编开始

◁ = 加线

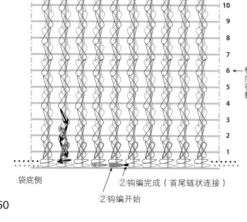

38 37 36 35 34 33 32 31 30 29 28 27 26 25 24 23 22 21 20 19 18 17 16 15 14 13 12 11 10 9 8 7 6 5 4 3 2 1

← 横向行数

袋底侧
袋口侧

袋底侧

②钩编完成（首尾链状连接）

②钩编开始

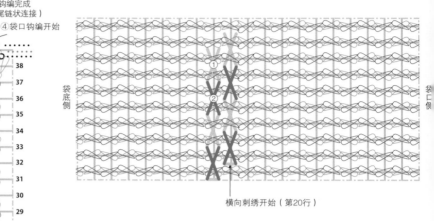

袋底侧
袋口侧

①
②

横向刺绣开始（第20行）

<使用毛线缝针刺绣花样>

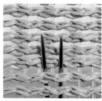

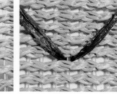

①从横向第20行开始刺绣（为了便于理解，刺绣图样中会说明每格的配色）。从后向前把2根针穿过网格。

②拉出2根针，使左线、右线保持同样长度。

③左线、右线交叉后，再从下一格入针，把线拉到背面。

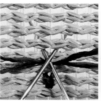

④背面和正面一样，交叉线，从下一格入针，再拉出线。

⑤正面，交叉线，下一格入针，线拉到背面。

⑥重复步骤④和⑤。

[制作方法] ❻ 使用线：a
❶底部纵向之字钩编（参照p.92）。
❷底部横向之字钩编，边缘绿色记号的地方钩引拔针（引拔钩编）（参照p.92）。
※改变钩编方向时，粗线记号作为同色编织的第1针。
❸钩织边缘。

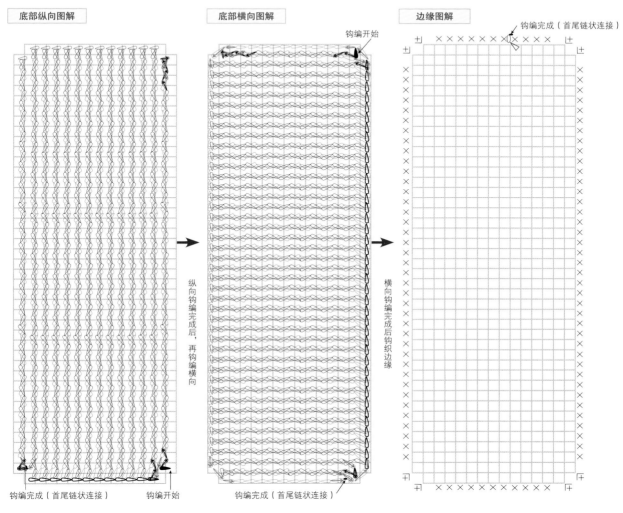

底部纵向图解

底部横向图解

边缘图解

钩编开始

钩编完成（首尾链状连接）

纵向钩编完成后，再钩编横向

横向钩编完成后钩织边缘

钩编完成（首尾链状连接）   钩编开始

钩编完成（首尾链状连接）

[制作方法] ❻

提手图解   使用2股线：a   引拔针（绿色记号）钩织完成后，钩织边缘（参照p.92）。

钩编完成（首尾链状连接）

钩编完成（断线）

[制作方法] ❼

<主体、底部拼接图示>

主体下方和底部正面相对对齐，用1股线（作品A用土黄色、作品B用红色），挑主体正面下方1格网格和底部边缘的1针短针，钩短针拼接（对齐主体边缘重叠的网格和底部侧边中间的网格）。

[制作方法] ❽

<提手安装图示>

如图（p.52、p.53）在提手位置安装提手。准备8片直径1.5cm的圆形皮革，皮革中间用圆冲打出安装铆钉的圆孔。铆钉正、反面包裹皮革后固定。

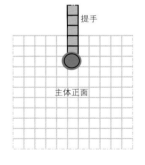

提手

主体正面

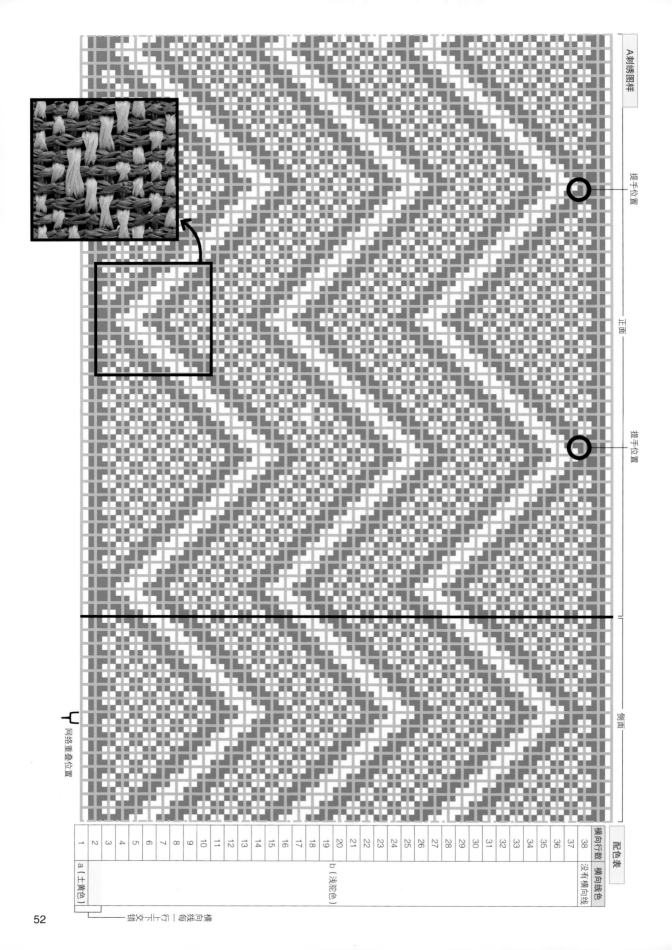

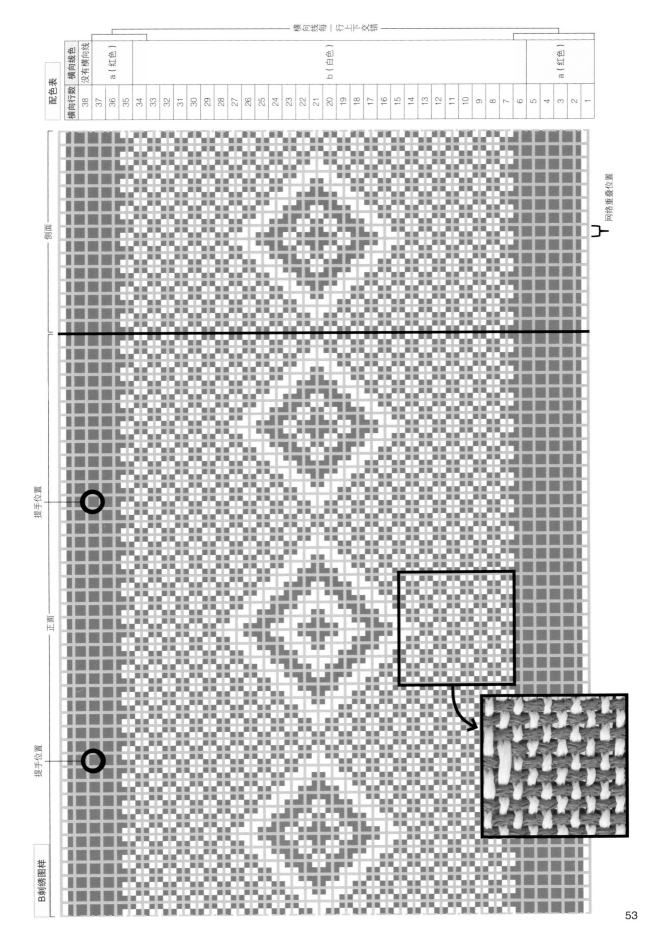

07 环保袋

p.16

[线] HAMANAKA ECO ANDARIA 米色
（23）190g
[针] 6/0号钩针、毛线缝针
[其他] 金属纽扣（直径30mm）1个
[编织密度] 短针编织花样21针20行=10cm×
10cm
[完成尺寸] 参照图示

[制作方法]
❶钩织主体。底部锁针起针28针，钩短针至第15行，按图解加
针。继续钩织侧面至第71行。
❷完成侧面后，直接继续钩织1片提手，其他3片分别加线钩织。
完成后两两边缘对齐，用卷针缝缝合。
❸缝合金属纽扣和扣襻（参照展开图示）。

主体图解

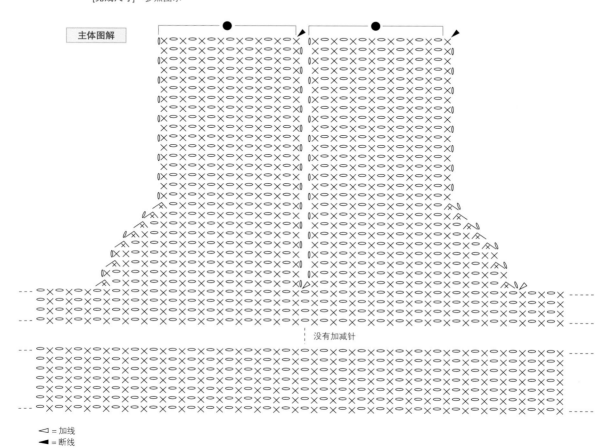

没有加减针

◁ = 加线
◀ = 断线

<展开图示>

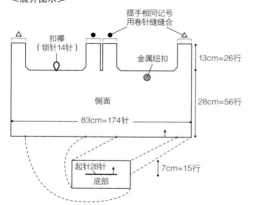

底部针数表		
行	针数	加减针
15	174针	+4针
14	170针	
13	162针	
12	154针	
11	146针	
10	138针	
9	130针	
8	122针	+8针
7	114针	
6	106针	
5	98针	
4	90针	
3	82针	
2	74针	
1	66针	
起针 = 28针		

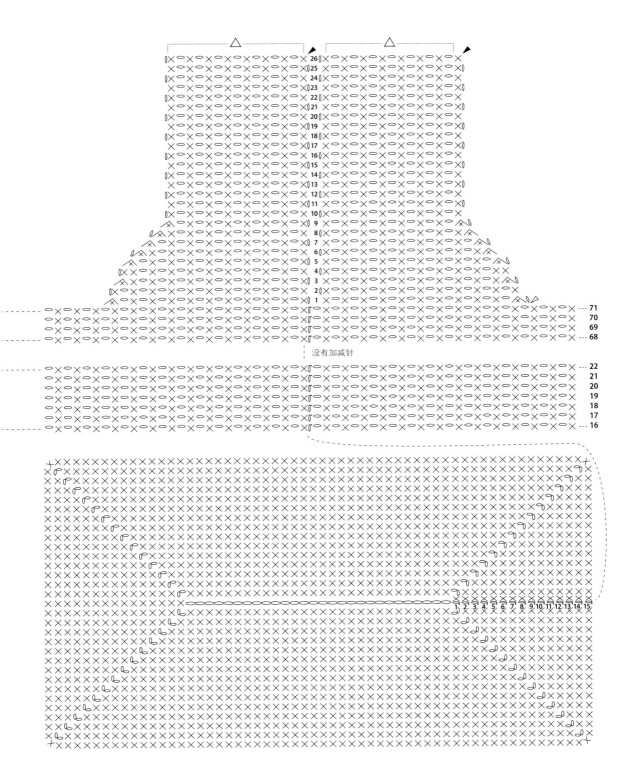

没有加减针

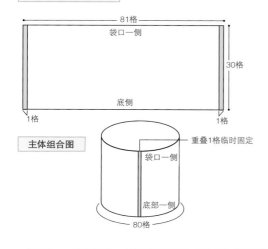

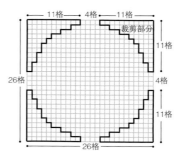

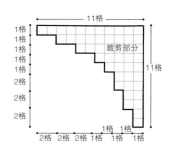

[线]　HAMANAKA ECO ANDARIA 黑色（30）20g、ECO ANDARIA CROCHET（中细线）本色（803）70g

[针]　6/0号钩针（提手）、4/0号钩针（其他部分）、毛线缝针

[其他]　AMIAMIFINE塑料网格片白色（H200-372-1）1片、D环（50mm金色）2个、钩扣（内径8mm、全长38mm）2个

[完成尺寸]　参照图示

[制作方法]
❶参照主体裁剪图示，裁剪出塑料网格片的各个部分。
❷对齐塑料网格片主体部分（侧面）边缘的1格，临时固定，按照图解进行钩编。底部钩编完成后，用短针与侧面拼接（参照p.58）。
❸钩织提手和连接D环的部分（参照p.59）。
❹缝合提手和连接D环的部分（参照p.59）。

主体（侧面）裁剪图示

81格
袋口一侧
30格
底侧
1格

底部裁剪图示

11格　4格　11格
裁剪部分
26格　11格　4格　11格
26格

11格
1格
裁剪部分
11格
2格　2格　2格　1格　1格　1格

主体组合图

重叠1格临时固定
袋口一侧
底部一侧
80格

<引拔针——编织花样>　※为了便于理解，示范时换成了颜色鲜明的线。

①起针，线圈从开始钩编的第1格背面穿出来。

②钩针套入①的线圈，再从下一格插入，在网格片背面挂线。

③引拔。

④重复步骤②、③，钩引拔针。

⑤转角处在同格再次入针，钩1针锁针。

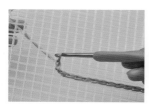

⑥改变钩织方向。

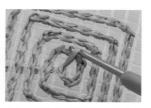

⑦每个转角钩1针锁针，改变方向后继续钩引拔针，完成花样的第1行。

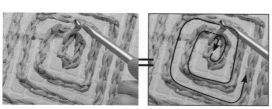

⑧从中心沿箭头方向，继续钩引拔针。

⑨每一个格子钩2次，完成花样。

56

主体图解　使用4/0号钩针

侧面网格片的两侧边缘重叠1格，形成圆筒状，沿箭头方向
从①钩编开始处钩到①钩编完成处，断线。再在②钩编开
始处加线，沿箭头方向钩到②钩编完成处，断线。

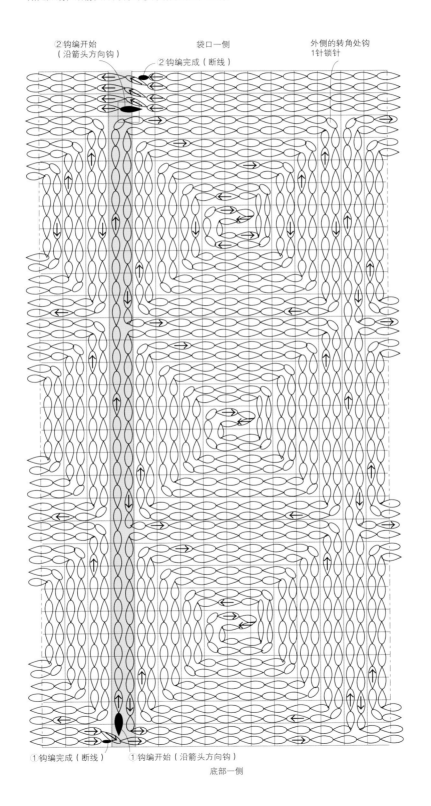

②钩编开始
（沿箭头方向钩）

袋口一侧

②钩编完成（断线）

外侧的转角处钩
1针锁针

①钩编完成（断线）　　①钩编开始（沿箭头方向钩）

底部一侧

从底部网格片开始的位置沿箭头方向环状钩出图解中灰色的正方形部分。
接着按照a、b、c、d的顺序往返钩编，再钩一圈短针和锁针，直至钩完。
不用断线，和主体正面对齐，拼接边缘。

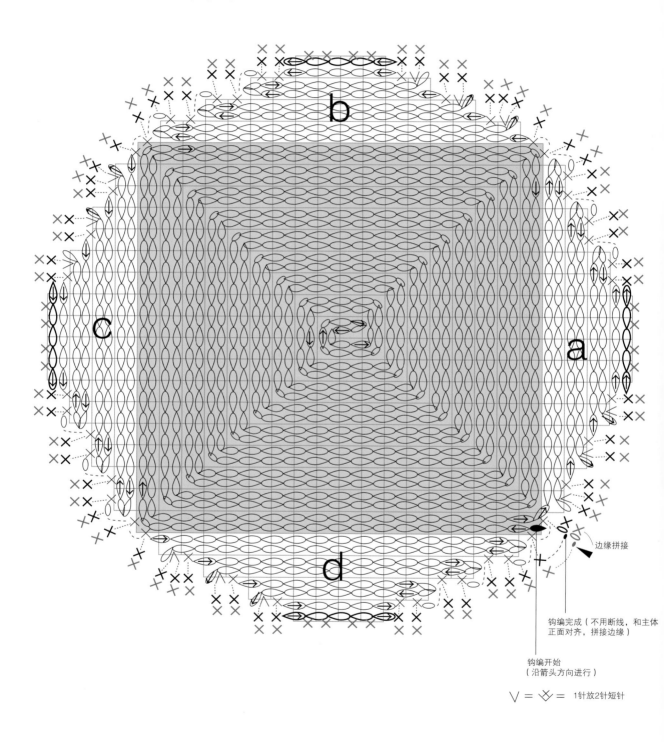

边缘拼接

钩编完成（不用断线，和主体
正面对齐，拼接边缘）

钩编开始
（沿箭头方向进行）

∨ = ⋎ = 1针放2针短针

连接D环部分图解 2片

使用ECO ANDARIA CROCHET(中细线)本色、4/0号钩针。
完成的织物穿过D环,对折后用卷针缝缝合,参照图示A位置缝合。

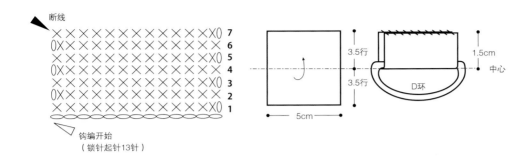

断线

钩编开始
(锁针起针13针)

3.5行
3.5行
5cm
中心
1.5cm
D环

提手图解 1片

使用ECO ANDARIA黑色、6/0号钩针。
完成的织物参考图示折成4层,用卷针缝缝合,参照下图安装钩扣和D环。

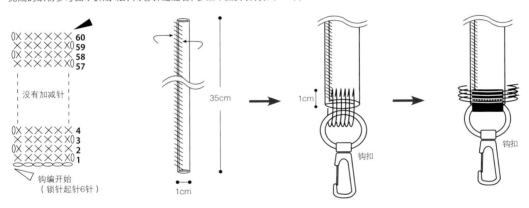

没有加减针

钩编开始
(锁针起针6针)

35cm

1cm

折成4层,用卷针缝缝合

提手边缘1cm处与钩扣一起用
卷针缝缝6圈

1cm
钩扣

接着横向卷线4圈,把线穿入提手,
打结固定。线头藏入提手中

钩扣

<图示A>

80格
10格

连接D环部分
缝合位置
5cm

侧面

重叠的
1格

袋口一侧

底部一侧

30格

边缘拼接开始位置
对齐主体底部一侧的1格和
底部的1针短针进行拼接

a d
底部
b c

1圈80针
20针

20cm
5cm
D环
提手
22cm
60cm

A

B

09 镂空网眼手提包

p.19

[线] A:a HAMANAKA ECO ANDARIA 米色（23）140g、b 亮松石绿色（184）120g
B:a HAMANAKA ECO ANDARIA 铂色（174）140g、b 柠檬黄色（11）120g

[针] 6/0号钩针（起针~第6行）、7/0号钩针（第7~31行）、毛线缝针

[其他] A：皮革底衬板米色（H204-619）1片
B：皮革底衬板深咖色（H204-616）1片

[编织密度] 编织花样19针10行=10cm×10cm

[完成尺寸] 参照图示

[制作方法]
※起针至第28行使用1股线，第29~31行使用2股线钩织。

❶使用6/0号钩针，沿皮革底衬板一周起针钩60针引拔针，首尾链状连接，藏好线头。

❷按图解钩针挂线，每1针起针（引拔针）针目中钩2针短针（等于加1针），一共加出60针。

❸钩织主体（侧面）。从第7行开始，换用7号钩针（详见p.61红框文字）。

❹从第29行开始加1股线，使用2股线继续钩织。

❺钩织提手。挑第30行的第34针针目，使用虾编钩法开始钩织。

<虾编钩法（提手）>※为了便于理解，图中使用了1股线进行钩织。

①按照图解，在开始钩提手的针目中钩出2针短针。

②织物顺时针翻转180°。

③钩针插入步骤①钩出的2针短针中的1针，挂线引拔。

④继续挂线引拔。

⑤织物顺时针翻转180°。

⑥钩针插入步骤⑤中箭头所示的线圈。

⑦挂线引拔，一次穿过步骤⑥的2个线圈。

⑧再次挂线引拔。

⑨织物顺时针翻转180°，钩针插入步骤⑧中箭头所示的线圈。

⑩挂线引拔，一次穿过步骤⑨的2个线圈。

⑪再次挂线引拔。

⑫重复步骤⑤至步骤⑪，参照图解钩另一侧的提手。

⑬钩最后一行引拔针至提手位置。

⑭挑步骤⑫中箭头所示的线圈，钩提手的引拔针。

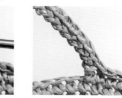

⑮重复步骤⑭，以同样的方法完成另一侧的提手。

<展开图示>

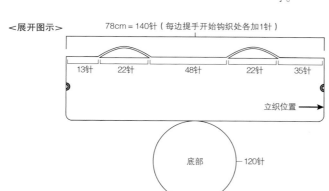

78cm = 140针（每边提手开始钩织处各加1针）

13针　22针　48针　22针　35针

立织位置 →

底部　—120针

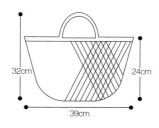

32cm　24cm

39cm

60

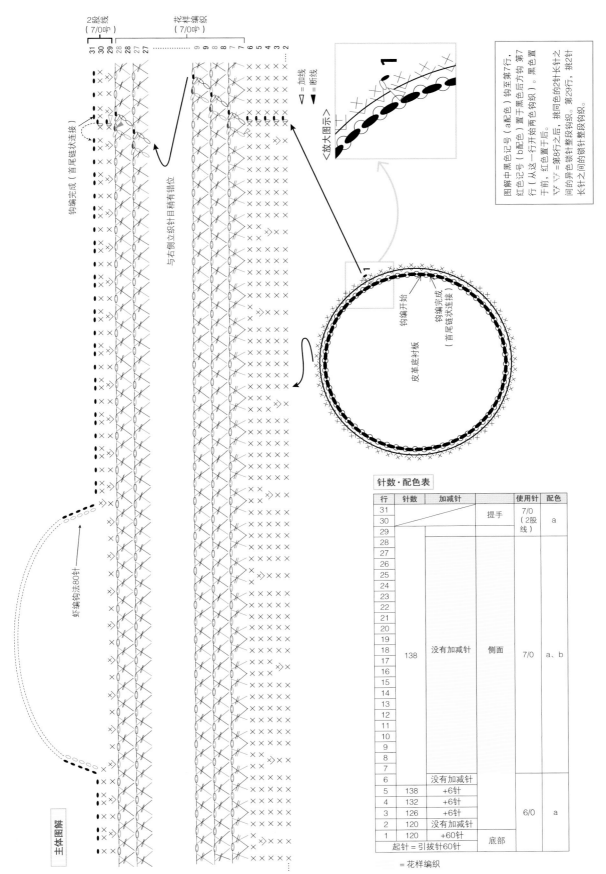

2股线
（7/0号）

花样编织
（7/0号）

31 30 29 28 27 ⑨ ⑨ ⑧ ⑧ ⑦ ⑥ ⑤ ④ ③ ②

◁ ＝加线
▶ ＝断线

钩编完成（首尾链状连接）

与右侧立织针目稍错位

钩编开始

钩编完成
（首尾链状连接）

皮革底衬板

〈放大图示〉

图解中黑色色记号（a配色）钩至第7行，红色记号（b配色）置于黑色后方钩第7行（从这一行开始钩两色）。黑色置于前，红色置于后方。
〴〵＝第8行之后，挑同色的2针长针钩织。第29行，挑2针长针之间的锁针钩织。

虾编钩法80针

主体图解

针数·配色表

行	针数	加减针		使用针	配色
31			提手	7/0（2股线）	a
30					
29					
28			侧面	7/0	a、b
27					
26					
25					
24					
23					
22					
21					
20					
19					
18	138	没有加减针			
17					
16					
15					
14					
13					
12					
11					
10					
9					
8					
7					
6		没有加减针			
5	138	+6针		6/0	a
4	132	+6针			
3	126	+6针			
2	120	没有加减针			
1	120	+60针	底部		
起针＝引拔针60针					

＝花样编织

10　肩背束口袋

p.20

[线]　HAMANAKA ECO ANDARIA 浅棕色(15)180g
[针]　7/0号钩针、毛线缝针
[其他]　D环2个
[编织密度]　短针18针20行=10cm×10cm
编织花样18针=10cm, 4行=4cm
[完成尺寸]　参照图示

[制作方法]
❶钩织主体。主体底部，手指绕线环，线环中钩出6针短针起针，钩短针至第20行，按图解加针。继续向上钩织主体侧面，至第55行。
❷钩织2片连接D环部分。穿过D环，用卷针缝缝合（参照图示A、B）。
❸钩织一根肩带，穿过D环缝合（参照图示B）。
❹钩织一根抽绳，一个止绳扣。参照图示A完成止绳扣，抽绳穿过主体，再穿上止绳扣，两端打结固定。

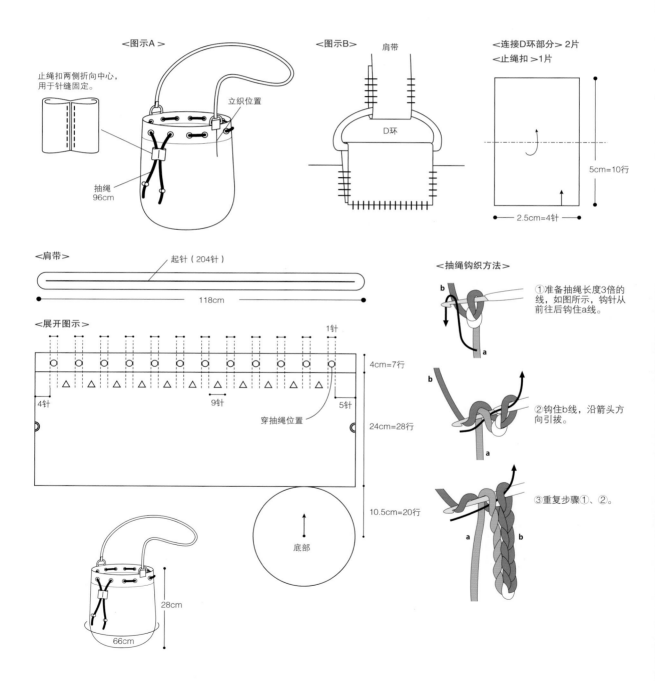

首尾链状连接

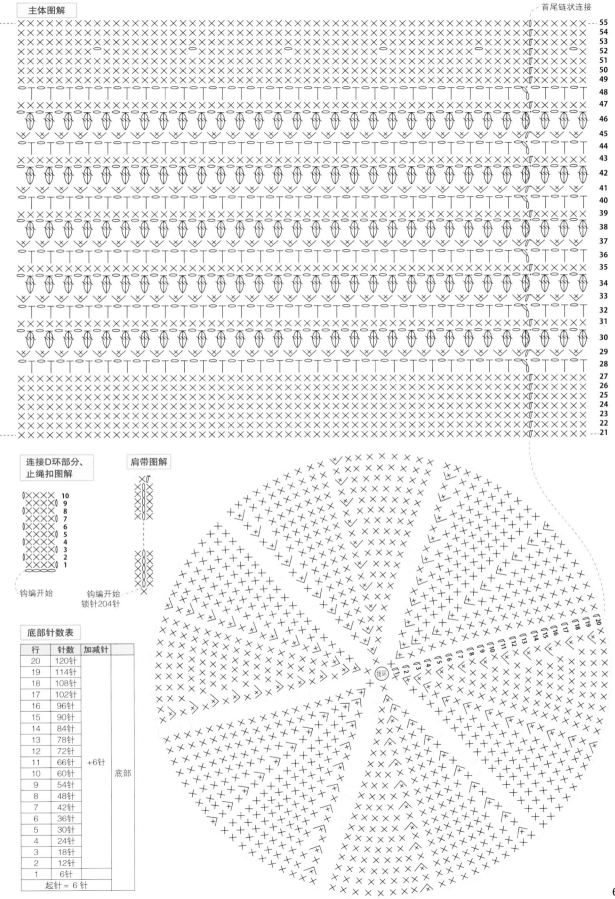

连接D环部分、
止绳扣图解

肩带图解

钩编开始

钩编开始
锁针204针

底部针数表

行	针数	加减针
20	120针	
19	114针	
18	108针	
17	102针	
16	96针	
15	90针	
14	84针	
13	78针	
12	72针	
11	66针	+6针
10	60针	
9	54针	
8	48针	
7	42针	
6	36针	底部
5	30针	
4	24针	
3	18针	
2	12针	
1	6针	
起针 = 6针		

11 带锁扣的网格包

[线] HAMANAKA ECO ANDARIA
复古蓝色(66)90g

[针] 6/0号钩针、毛线缝针、手缝针

[其他] CANVAS塑料网格片白色
(H202-226-1)2片、轧花提手咖色
(40cm×30mm/KT102)1副、长方形
拧锁锁扣古铜金色(HKK-AG)1个、
手缝线(深咖色)少许

[编织密度] 短针20针21行=10cm×
10cm

[完成尺寸] 参照图示

[制作方法]
❶参照主体裁剪图示,裁剪出塑料网格片的各个部分。
❷在主体正面安装锁扣锁头,分别裁剪出主体正面和背面安装提手的位
置。搭襻上安装锁扣底座。
❸使用毛线缝针刺绣主体、底部(参照p.65基础刺绣)、搭襻(参照p.65
搭襻的刺绣)。
❹用卷针缝缝合主体正面、背面和底部。
❺钩织两片侧面部分。
❻使用毛衣缝针,分别把两片侧面和主体用卷针缝缝合。
❼搭襻用卷针缝缝合于主体背面。
❽提手分别穿过主体正面、背面,使用手缝线缝合。

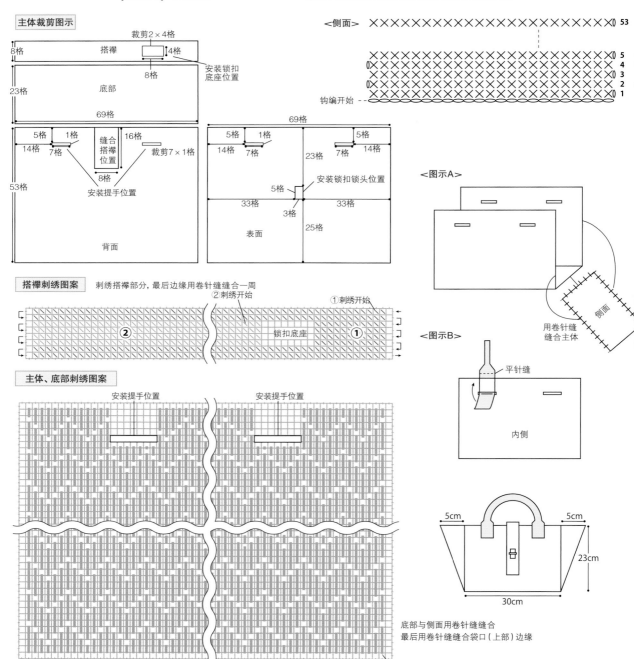

主体裁剪图示

搭襻刺绣图案 刺绣搭襻部分,最后边缘用卷针缝缝合一周

主体、底部刺绣图案

底部与侧面用卷针缝缝合
最后用卷针缝缝合袋口(上部)边缘

<基础刺绣>※为了便于理解,示范时换成了颜色鲜明的线。

			h				
			j	f			
		l			d		
n						b	
m	k	i	g	e	c	a	

※主体、底部共用。

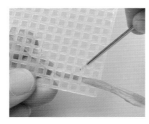

❶使用毛衣缝针,a从背面穿线到正面。

❷b从正面往背面穿线。

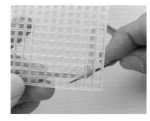

❸c从背面往正面穿线。

❹d从正面往背面穿线。

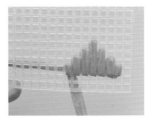

❺以同样的方法完成e~n,如图所示完成一个花样。

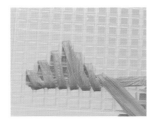

❻在背面包住刺绣开始处的线头。

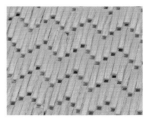

❼从第2行开始,每一针跨4格,形成有规则的花样。

<搭襻的刺绣>

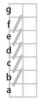

❶使用毛衣缝针,c从背面穿线到正面,a再从正面穿线到背面。

❷拉紧线之前,b从背面穿线到正面。

❸拉紧线,d从正面穿线到背面。

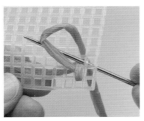

❹拉紧线之前,c从背面穿线到正面。

❺拉紧线。完成2格的刺绣。

❻以同样的方法,按本页左上角图上标的e、d、f、e、g、f的顺序进行刺绣。

12 古典圆包

[线]　HAMANAKA ECO ANDARIA 浅灰色
（148）280g
[针]　6/0号钩针、毛线缝针
[其他]　圆形磁扣（古铜色14mm/H206-043-
3）1组、钳子
[编织密度]　1个图样直径32cm
[完成尺寸]　参照图示

[制作方法]
❶钩织2片主体。起针4针锁针连成环，立针2针锁针，从环中钩1个2
针中长针枣形针、1针锁针，重复8次。按图解钩织花样至第19行，
按图解加针。
❷钩织侧边和提手。起针20针锁针，往返钩织花样135行。
❸缝合主体、侧边、提手（参照侧边和提手缝合方法）。
❹钩织2片磁扣底布，缝合于主体内侧（参照安装磁扣方法）。

主体图解

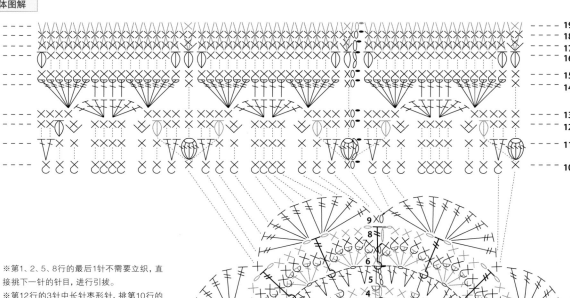

※第1、2、5、8行的最后1针不需要立织，直
接挑下一针的针目，进行引拔。
※第12行的3针中长针枣形针，挑第10行的
短针针目，包住第11行进行钩织。

※第19行的大型短针记号。

X = 挑第16行的针目钩织1针短针，
包住第17、18行。

V = 挑第16行3针中长针枣形针的针目，
钩织2针短针，包住第17、18行。

‒ ‒ ‒ ‒ ‒ 继续上一针钩织
⋯⋯⋯ 挑上一针钩织

侧边和提手图解

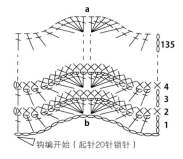

钩编开始（起针20针锁针）

磁扣底布图解　2片

66

<側边和提手缝合方法>

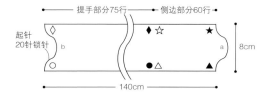

提手部分75行 — 侧边部分60行

起针
20针锁针

b ◇

◆ ☆ ★

● △ ▲

a

8cm

140cm

❶主体A与侧边正面对齐,从★到☆,钩短针拼接,接着从◆到◇,用短针钩提手边缘。最后立织1针锁针。

❷把a的长针针目和b起针的半针锁针正面对齐,钩引拔针拼接。接着与主体B正面对齐,从○到●,短针钩织提手边缘,再从△到▲,钩短针拼接。最后立织1针锁针。

❸两侧从提手底部起各空出9个花样不折,c−d、e−f分别折向背面中心,用卷针缝缝合。

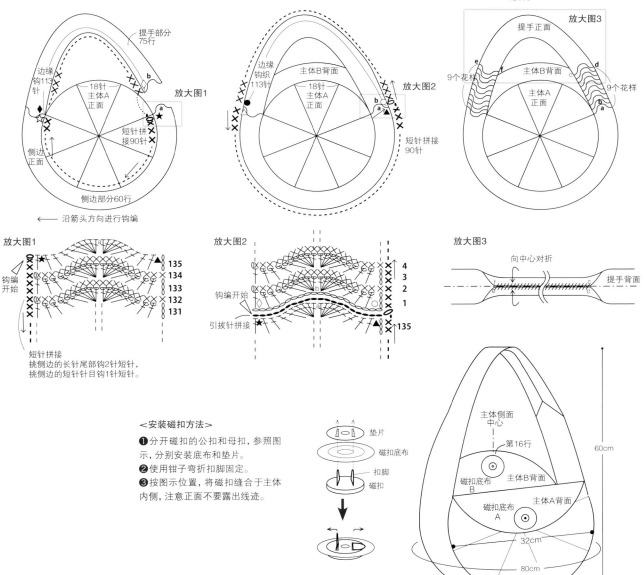

放大图1

提手部分75行

边缘钩113针

18针主体A正面

短针拼接90针

侧边正面

侧边部分60行

← 沿箭头方向进行钩编

放大图2

边缘钩织113针

主体B背面

18针主体A正面

短针拼接90针

放大图3

提手正面

9个花样

主体B背面

主体A正面

9个花样

放大图1

钩编开始

135
134
133
132
131

短针拼接
挑侧边的长针尾部钩2针短针,
挑侧边的短针针目钩1针短针。

放大图2

钩编开始

引拔针拼接

4
3
2
1
135

放大图3

向中心对折

提手背面

<安装磁扣方法>

❶分开磁扣的公扣和母扣,参照图示,分别安装底布和垫片。
❷使用钳子弯折扣脚固定。
❸按图示位置,将磁扣缝合于主体内侧,注意正面不要露出线迹。

垫片
磁扣底布
扣脚
磁扣

主体侧面中心
第16行
磁扣底布B
主体B背面
磁扣底布A
主体A背面

60cm
32cm
80cm

13 带盖的格纹包

[线] HAMANAKA ECO ANDARIA 黑色（30）
160g、绿色（17）80g、海水蓝色（72）50g、亮
黄色（182）10g
[针] 6/0号钩针、毛线缝针
[其他] AMIAMIFINE塑料网格片白色（H200-
372-1）1片、圆形磁扣（古铜色 18mm/H206-
041-3）2组、脚钉（半圆形12mm）4个、包扣
（直径约30mm）金属扣盖 2个、能粘金属和布
的专用黏合剂
[完成尺寸] 参照图示

[制作方法]
❶参照主体裁剪图示，裁剪出塑料网格片的各个部分。
❷钩织底部、侧面、包盖、边缘，锁针钩出侧面纵向的格纹花
样。
❸钩织提手，按图示B的方法，折成4层并用卷针缝缝合，再缝合
于指定位置（参照图示A）。
❹安装磁扣和脚钉（参照图示A）。
❺使用黏合剂粘贴包扣的金属扣盖（参照图示A）。
※塑料网格片上的钩编方法以及换线方法参照p.92。

主体裁剪图示

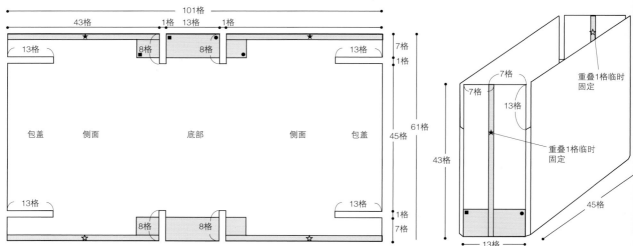

<图示A>

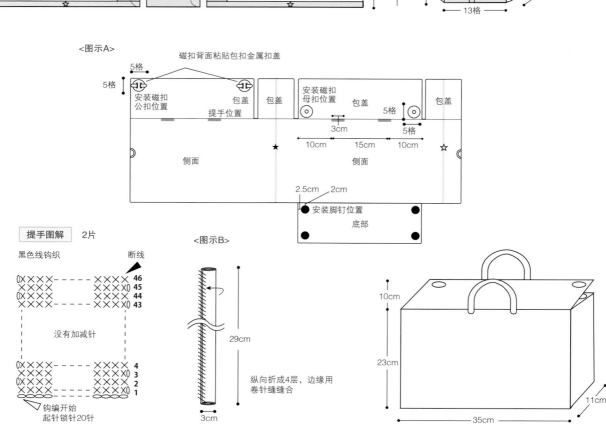

提手图解 2片

黑色线钩织

纵向折成4层，边缘用
卷针缝缝合

上方图表标注：钩编开始、立织

```
f  e        d c b  a
g  ○○○○○○○○
h  i              j
```

<**塑料网格片上的短针钩编（底部）**>※为了便于理解，示范时换成了颜色鲜明的线。

①参考本页上方图钩织引拔针至a，最后立织1针锁针。

②从前往后，钩针插入前一针引拔针，挂线。

③钩出线圈。

④钩针插入a，挂线。

⑤引拔，完成1针短针。

⑥钩针继续插入步骤②的引拔针，挂线。

⑦钩出线圈。

⑧钩针插入b，挂线。

⑨引拔，完成第2针短针。

⑩重复步骤⑥、⑦，钩针插入c，挂线引拔，完成第3针短针。

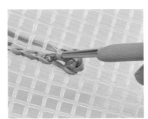

⑪钩针插入旁边的引拔针。

⑫挂线引拔。

⑬钩针插入d，钩织短针。

⑭继续以同样的方法，钩织短针至钩编开始的位置（钩织短针至e）。

⑮钩针再次插入钩编开始处的引拔针。

⑯挂线引拔。

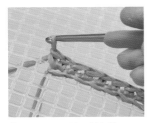

⑰钩针插入f，钩织1针短针。

⑱钩针插入步骤⑮的引拔针目，以同样的方法，在g、h、i各钩织1针短针。

⑲旋转网格片方向，重复步骤⑪~⑭，钩织至j。

⑳钩针插入第1针短针针目，插入a挂线引拔，完成第1行。

按图示组合裁剪好的网格片，按①~⑥的配色顺序钩编，最后钩一圈包盖外缘。
换线方法参照p.92。

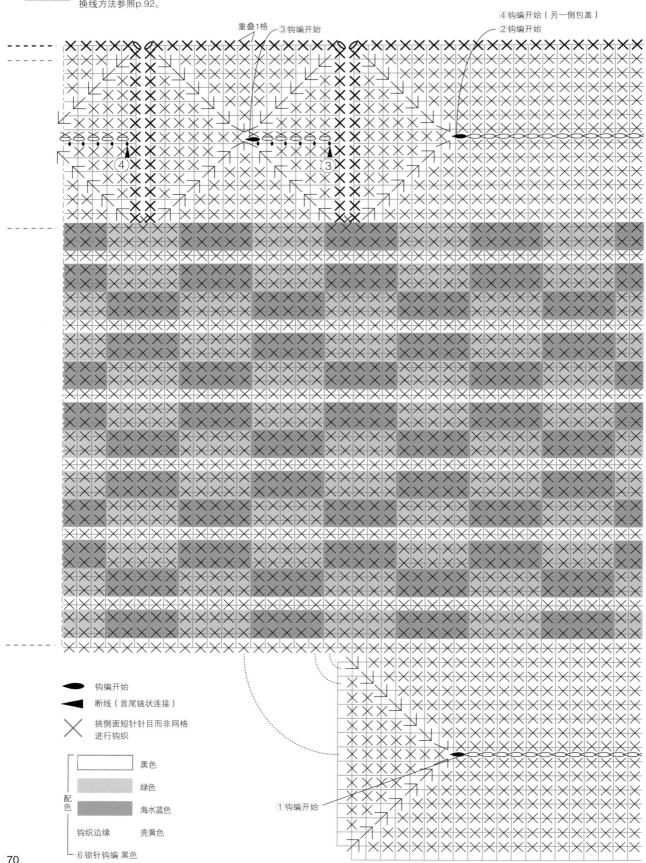

钩编开始

断线（首尾链状连接）

挑侧面短针针目而非网格
进行钩织

	黑色
	绿色
	海水蓝色
钩织边缘	亮黄色
⑥锁针钩编 黑色	

配色

70

钩织边缘
钩编开始

重叠1格

5钩编开始

钩织边缘

⑥

①

②

⑤

开始换线

⑥钩编开始（钩编于网格片上）

主体侧面横向每隔5格，沿纵向往返引拔钩装饰线

↓ = ⋎ = 1针放3针短针

∨ = ⋎ = 1针放2针短针

— — — — — 继续上一针钩织

·········· 挑上一针钩织

[线] HAMANAKA ECO ANDARIA 米色（23）220g、黑色（30）35g
[针] 7/0号钩针、毛线缝针
[其他] 长方形皮革底衬板深咖色（H204-617-2）1片
[编织密度] 短针17针20行=10cm×10cm
[完成尺寸] 参照图示

[制作方法]
❶钩织主体。参考主体图解，从皮革底衬板86孔内钩出154针短针，往返钩编，第2行加到158针，接着钩至第8行，没有加减针。从第9行到第14行，圈织花样。之后继续往返钩编至第33行。第34行用反短针钩织边缘。
❷使用黑色线，在主体花样钩编的第9、10、11、12、13、14行进行刺绣。
❸钩织2根提手，缝合于指定位置（参照完成图示）。

<刺绣方法> 2行1个花样

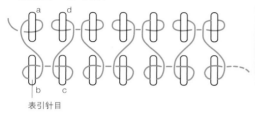

表引针目

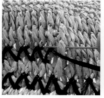

①毛线缝针穿黑色线，参照左图图示，a从表引长针右侧入针，左侧出针，左侧线压于针下方，拉紧（挑表引长针，而非长针）。

②拉紧线后的样子。

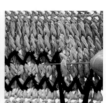

③b从正下方1行的表引长针右侧入针，左侧出针，左侧线向下拉直，压于针下方，拉紧。

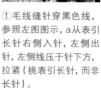

提手图解 2片

```
-×××°×××-  64
××××××××
×°××°××××  5
×°××°××××  4
×°××°××××  3
×°××°××××  2
  ××××
××      ××
××      ××
  ××××
```

9cm=18行

14cm=28行

9cm=18行

起针8针
形成线环

提手配色

行	配色
47～64	米色
19～46	黑色
1～18	米色

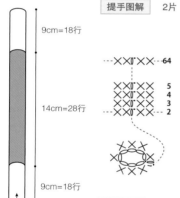

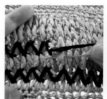

④c左侧线置于针上方，从右边的表引长针右侧入针，左侧出针，拉紧。

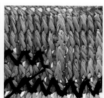

⑤拉紧线后的样子。

⑥d从正上方1行的表引长针右侧入针，左侧出针，左侧向上拉直，压于针下方，拉紧。重复步骤①～⑥进行刺绣。

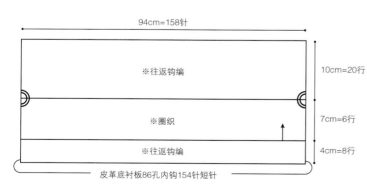

94cm=158针

※往返钩编

※圈织

※往返钩编

10cm=20行

7cm=6行

4cm=8行

皮革底衬板86孔内钩154针短针

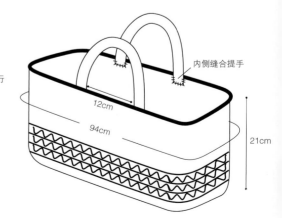

内侧缝合提手

12cm

94cm

21cm

<放大图示>

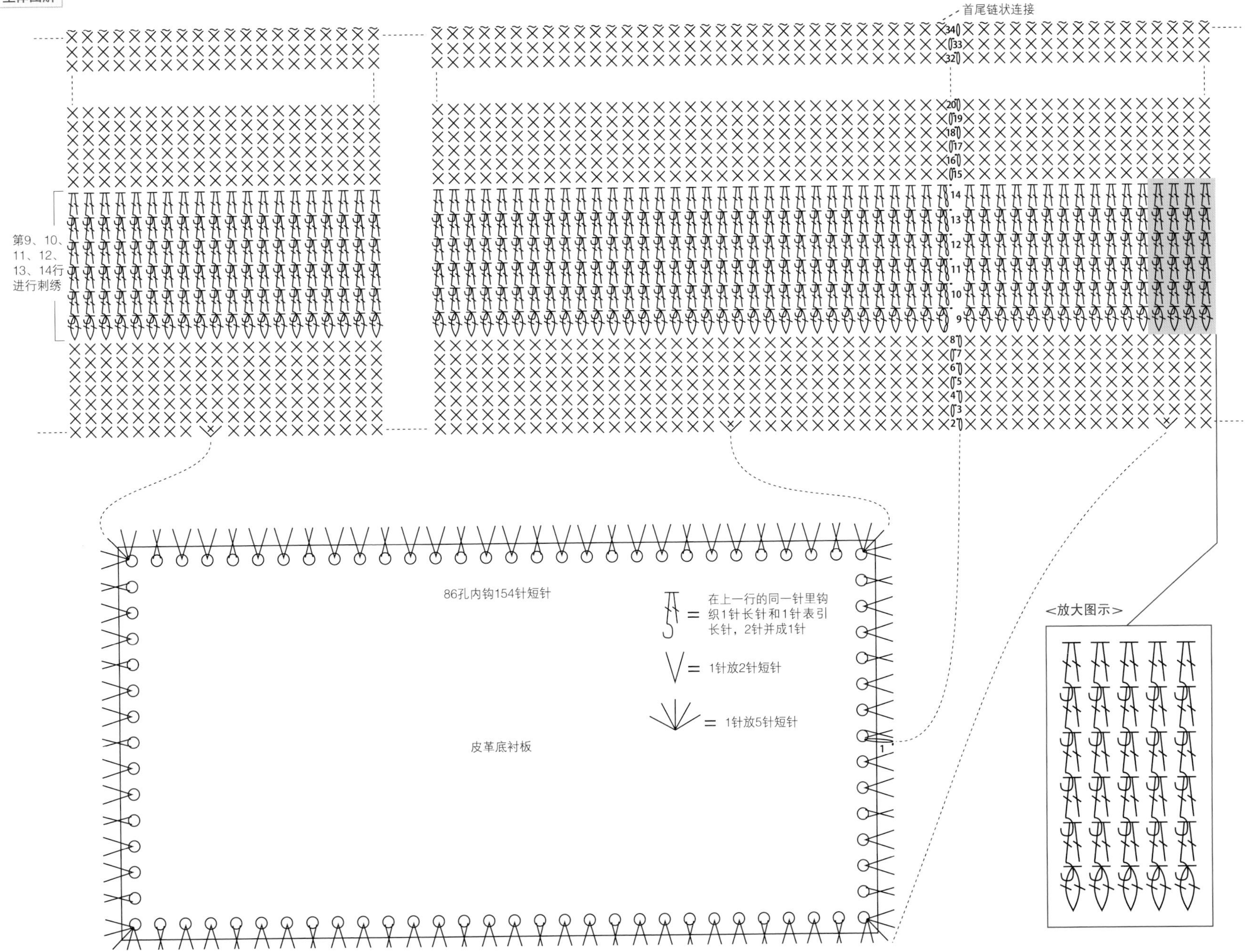

首尾链状连接

X[34] X[33] X[32] X[20] X[19] X[18] X[17] X[16] X[15] 14 13 12 11 10 9 X[8] X[7] X[6] X[5] X[4] X[3] X[2]

第9、10、11、12、13、14行进行刺绣

86孔内钩154针短针

在上一行的同一针钩里针织1针长针和1针放1针长针，2针并成1针

V = 1针放2针短针

= 1针放5针短针

皮革鞋底衬板

15 单提手手拎包

[线] HAMANAKA ECO ANDARIA
米白色（168）320g、橙色（98）
25g、糖果粉色（46）25g、深绿色
（158）15g
[针] 7/0号钩针、毛线缝针
[编织密度] 编织花样15针15行
=10cm×10cm
[完成尺寸] 参照图示

[制作方法]
❶钩织主体。从底部线环中钩出8针短针，按图解加针钩织花样至第16
行。继续钩织侧面至第54行。
❷钩织1片提手。锁针起针40针，引拔第1针锁针，形成圈织。按照配色，钩
织短针条纹针至第65行，没有加减针。
❸制作提手。织物表面垫上布，用蒸汽熨斗轻轻熨平整，仅在正面装饰钩
编（参照图示A）。
❹缝合提手。将提手与主体用卷针缝合（参照图示B）。

主体图解

第31~54行按照第19~30行的图解重复钩编2次

- - - - 继续上一针钩织
········ 挑上一针钩织

线环

针数表

行	针数	加减针	
17~54	128	没有加减针	侧面
16	128		
15	120		
14	112		
13	104		
12	96		
11	88		
10	80		
9	72	+8针	底部
8	64		
7	56		
6	48		
5	40		
4	32		
3	24		
2	16		
1	8		
起针 = 8针			

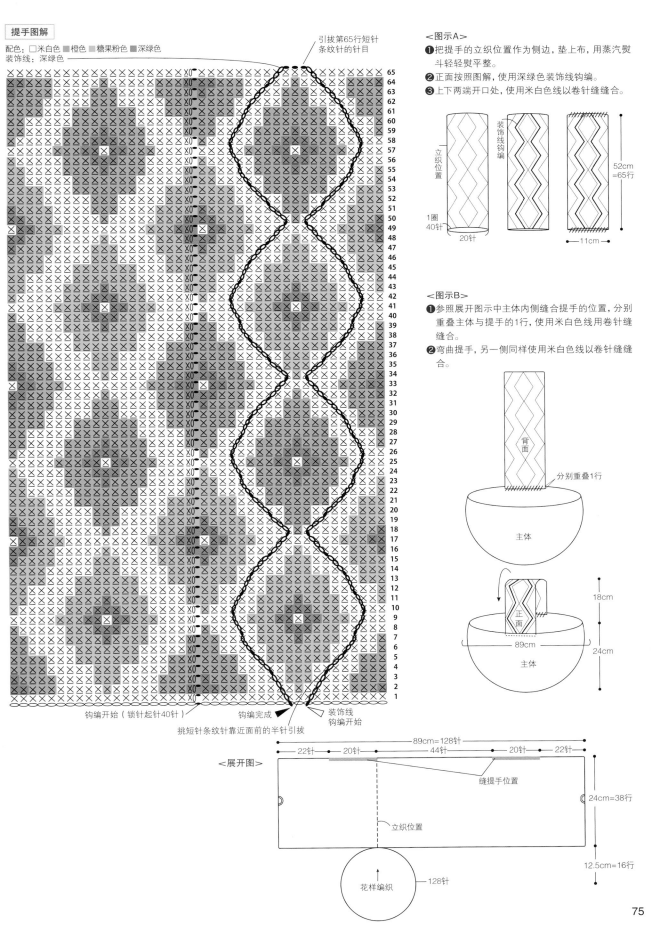

提手图解

配色：□米白色 ■橙色 ■糖果粉色 ■深绿色
装饰线：深绿色

引拔第65行短针
条纹针的针目

65 64 63 62 61 60 59 58 57 56 55 54 53 52 51 50 49 48 47 46 45 44 43 42 41 40 39 38 37 36 35 34 33 32 31 30 29 28 27 26 25 24 23 22 21 20 19 18 17 16 15 14 13 12 11 10 9 8 7 6 5 4 3 2 1

钩编开始（锁针起针40针）
挑短针条纹针靠近面前的半针引拔
钩编完成
装饰线
钩编开始

<图示A>
❶把提手的立织位置作为侧边，垫上布，用蒸汽熨斗轻轻熨平整。
❷正面按照图解，使用深绿色装饰线钩编。
❸上下两端开口处，使用米白色线以卷针缝缝合。

立织位置
装饰线钩编
1圈40针
20针
52cm=65行
11cm

<图示B>
❶参照展开图示中主体内侧缝合提手的位置，分别重叠主体与提手的1行，使用米白色线用卷针缝缝合。
❷弯曲提手，另一侧同样使用米白色线以卷针缝缝合。

背面
分别重叠1行
主体
正面
主体
18cm
24cm
89cm

<展开图>
89cm=128针
22针 20针 44针 20针 22针
缝提手位置
立织位置
24cm=38行
12.5cm=16行
花样编织
128针

16 圆桶形格子包

[线] HAMANAKA ECO ANDARIA 棕色（159）160g

[针] 7/0号钩针、毛线缝针、手缝针

[其他] AMIAMIFINE塑料网格片白色（H200-372-1）1片、皮革底衬板深咖色（H204-616）1片、铆钉（头部直径10mm，长度10mm，古铜金色）4组、内袋用布（尺寸参照p.79内袋制作方法）、蜡绳（直径约2.5mm）2m、吊钟扣2个、薄皮子（10cm×10cm）1片、内袋用缝线

[完成尺寸] 参照图示

[制作方法]

❶参照主体裁剪图示，裁剪出塑料网格片的各个部分（钩编完成后再裁剪格子部分）。

❷主体同一记号的格子重叠，形成桶状（参照主体组合图示）。

❸纵向钩织形成桶状的主体（侧面）（参照主体纵向图解）。

❹横向钩织（参照主体横向图解）。

❺裁剪塑料网格片的格子部分（注意不要裁剪到已钩织好的部分）。

❻钩织提手（参照p.78提手图解）。

❼钩织底部（参照p.78底部图解）。

❽拼接底部与主体（参照p.78主体、底部拼接图示）。

❾安装提手（参照p.78提手安装图示）。

❿手缝或机缝制作内袋（参照p.79内袋制作方法）。

⓫将内袋置于主体内。

※塑料网格片上的钩编方法参照p.92。

主体裁剪图示

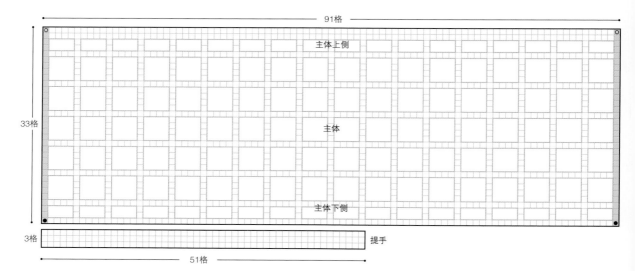

主体组合图示

重叠1格临时固定

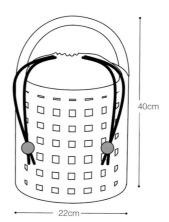

40cm

22cm

主体纵向图解

按黑色→红色→绿色→黑色→红色的顺序钩编。总共钩18段。第1段重叠处的格子同时钩2片网格片，形成圆筒状（参照主体裁剪图示）。改变钩编方向时，粗线记号作为同色编织的第1针。钩编方法参照p.92。

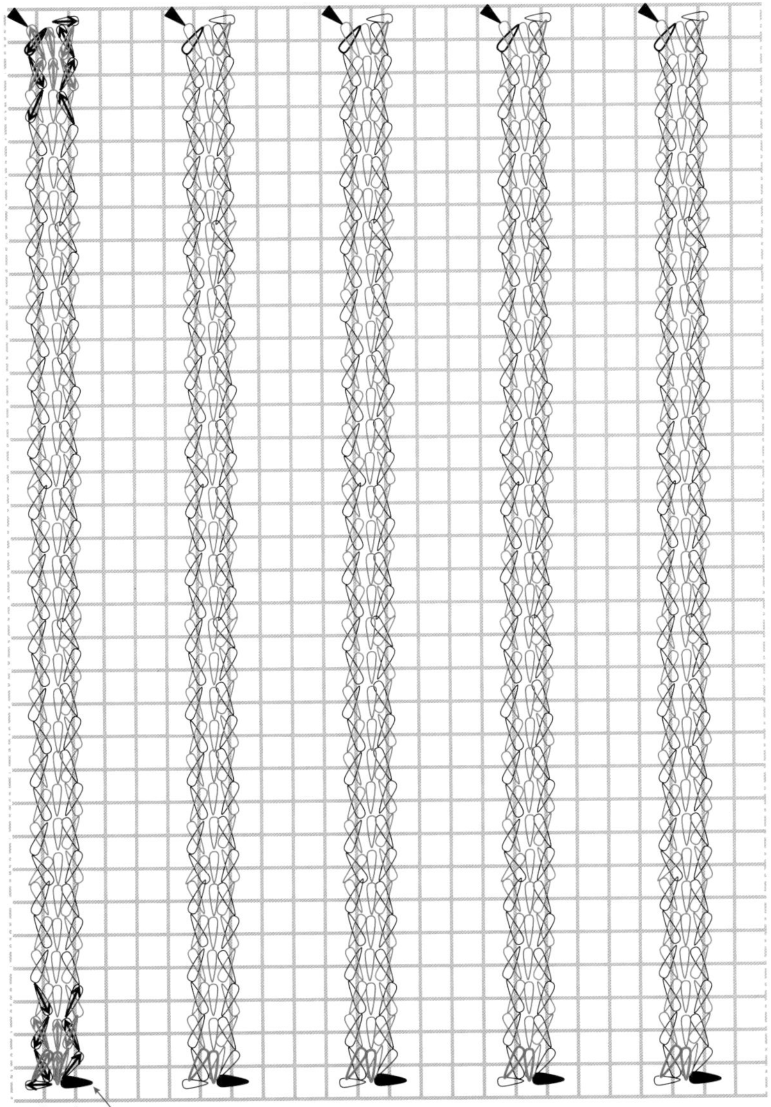

钩编开始（加线）
= 钩编完成（断线）
网格重叠位置

主体横向图解

上、下各1段、中间6段是横向钩编，共8段（参照主体裁剪图示）。全部完成后，裁剪掉格子中多余的塑料网格片（注意不要裁剪到已钩好的部分）。

<上方>

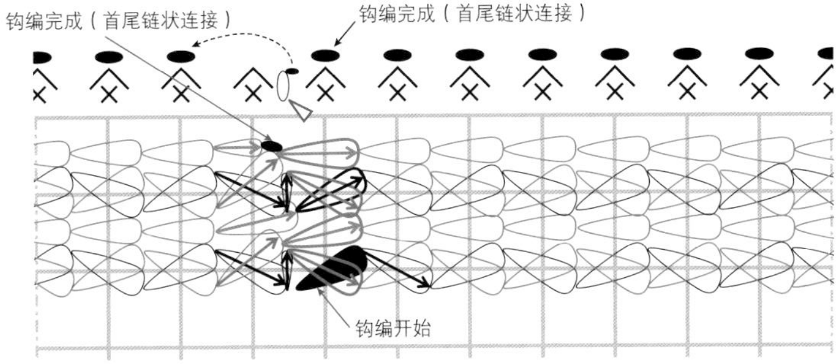

钩编完成（首尾链状连接）
钩编完成（首尾链状连接）
钩编开始

按黑色→红色→绿色→黑色→红色→绿色的顺序钩编

<中间部分>

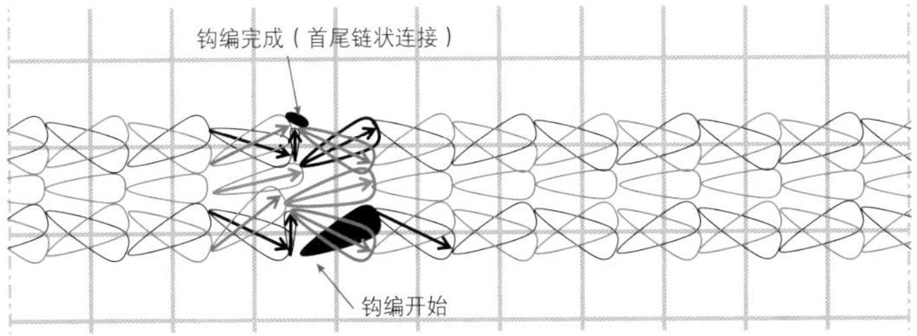

钩编完成（首尾链状连接）
钩编开始

按黑色→红色→绿色→黑色→红色的顺序钩编

<下方>

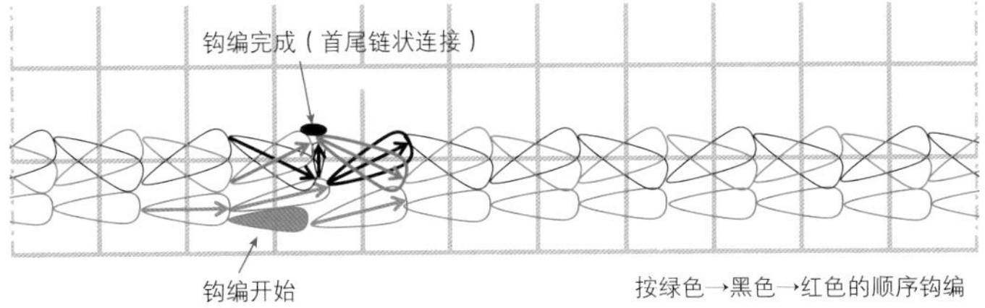

钩编完成（首尾链状连接）
钩编开始

按绿色→黑色→红色的顺序钩编

◁ = 加线

黑色→红色（之字钩编）
绿色（引拔钩编）

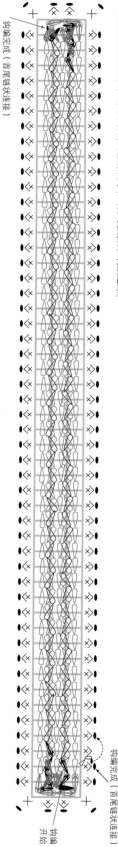

【制作方法】❻

提手图解

改变钩编方向时，粗线记号作为同色编织的第1针。完成后，钩织边缘。

按黑色→红色→绿色→黑色→黑色→红色→绿色→绿色的顺序钩编。

钩编完成（首尾链状连接）

黑色→红色（之字钩编）
绿色（引拔钩编）

【制作方法】❼

底部图解

用2股线，7/0号钩针，沿皮革底衬板一周引拔，首尾链状连接完成后，处理线头（起针，按照图解加针，从每一针起针的引拔针）。目中钩织1针短针。按照图解钩织侧面。

钩编完成（首尾链状连接）

皮革底衬板

钩编开始

钩编完成（首尾链状连接）

△=加线

针数表		
行	针数	加减针
4	90针	没有加减针
3	90针	没有加减针
2	90针	+30针
1	60针	没有加减针
起针＝引拔针60针		

侧面
底部

【制作方法】❽

<主体，底部拼接图示>

主体下侧和底部正面对齐，用1股线，同时挑皮革底衬板正面的1格和底部短针的1针，钩织短针，拼接主体和底部。

【制作方法】❾

<提手安装图示>

准备8片直径1.5cm的圆形皮革。皮革中间用圆冲打出安装铆钉的圆孔。按照右图图示，铆钉正面包裹皮革后固定，反面装为另一侧的提手。以同样的方法安装另一侧的提手。

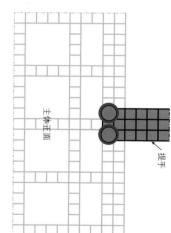

提手

主体正面

钩编开始

钩编完成（首尾链状连接）

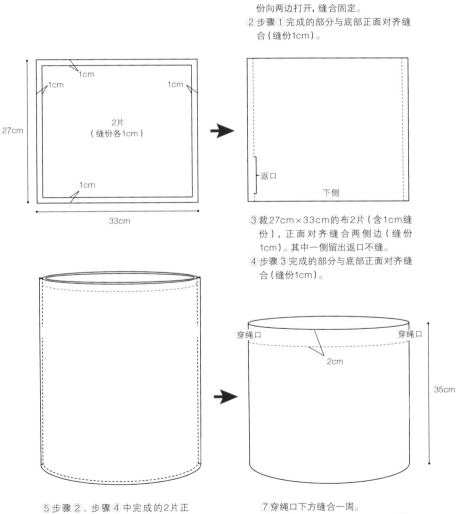

2片　22cm　底部

1cm
1cm　1cm
47cm
2片
（缝份1cm）
1cm
33cm

穿绳口
2cm
34cm
下侧

①裁47cm×33cm的布2片（含1cm缝份），正面对齐缝合两条侧边，按图示留出穿绳口不缝。穿绳口两侧的缝份向两边打开，缝合固定。
②步骤①完成的部分与底部正面对齐缝合（缝份1cm）。

1cm
1cm　1cm
27cm
2片
（缝份各1cm）
1cm
33cm

返口
下侧

③裁27cm×33cm的布2片（含1cm缝份），正面对齐缝合两侧边（缝份1cm）。其中一侧留出返口不缝。
④步骤③完成的部分与底部正面对齐缝合（缝份1cm）。

穿绳口　穿绳口
2cm
35cm

⑤步骤②、步骤④中完成的2片正面对齐，上侧一周缝合（缝份1cm）。
⑥从步骤③中留的返口翻回正面，缝合返口。

⑦穿绳口下方缝合一周。
⑧每个穿绳口穿入一根1m长的蜡绳，两端各穿上一个吊钟扣，打结固定。

A

B

17　摩洛哥风情拎包

p.33

[线]　A：HAMANAKA ECO ANDARIA 黑色（30）215g、金棕色（172）100g、白色（1）25g
B：HAMANAKA ECO ANDARIA 米色（23）180g、复古绿色（68）100g、复古粉色（71）35g、白色（1）25g
[针]　7.5/0号钩针（2股线）、5/0号钩针（1股线）、毛线缝针
[其他]　A、B通用：椭圆形皮革底衬板米色（H204-618-1）1片
[编织密度]　短针15针17行=10cm×10cm
[完成尺寸]　参照图示

[制作方法]※分为1股线钩织和2股线（主体、提手）钩织。
❶使用7.5/0号钩针，从皮革底衬板的孔内钩出124针短针。
❷第4行加针至132针，第15行减针至130针，继续钩织至第23行，没有加减针。
❸从第24行换用配色线，钩织花样。第25行至第35行挑靠近面前的半针钩织短针条纹针。
❹钩织提手。使用7.5/0号钩针钩100针锁针，穿过主体，形成圆筒状。接着引拔一周。
❺取1股线，使用5/0号钩针钩织提手套。钩编开始时留20cm线头，完成后留80cm线头后断线。
❻对齐两根提手，包上提手套，使用留下的80cm线，用卷针缝缝合成圆筒状。
❼使用钩编开始时留出的线头和步骤❻余下的线头，在提手套和提手的边缘一起缝合几针，起固定作用。

提手套图解　2片

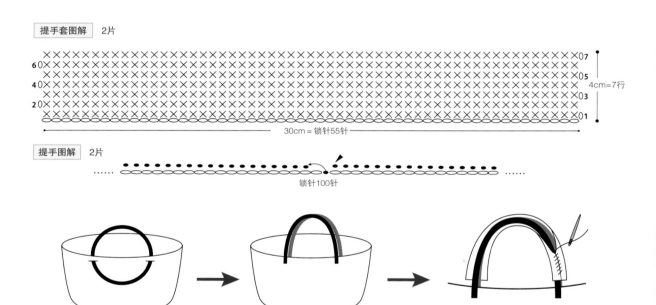

60
40
20
×07
×05
×03
×01
4cm=7行
30cm = 锁针55针

提手图解　2片

锁针100针

钩织100针锁针，穿过主体形成圈状，再引拔一周

对齐

包上提手套，用卷针缝缝合

<展开图示>

86cm=130针

10cm=14行

13cm=23行

底部
30cm

124针

15cm

提手32cm
42针
2行
1针
21针
86cm
23cm
30cm

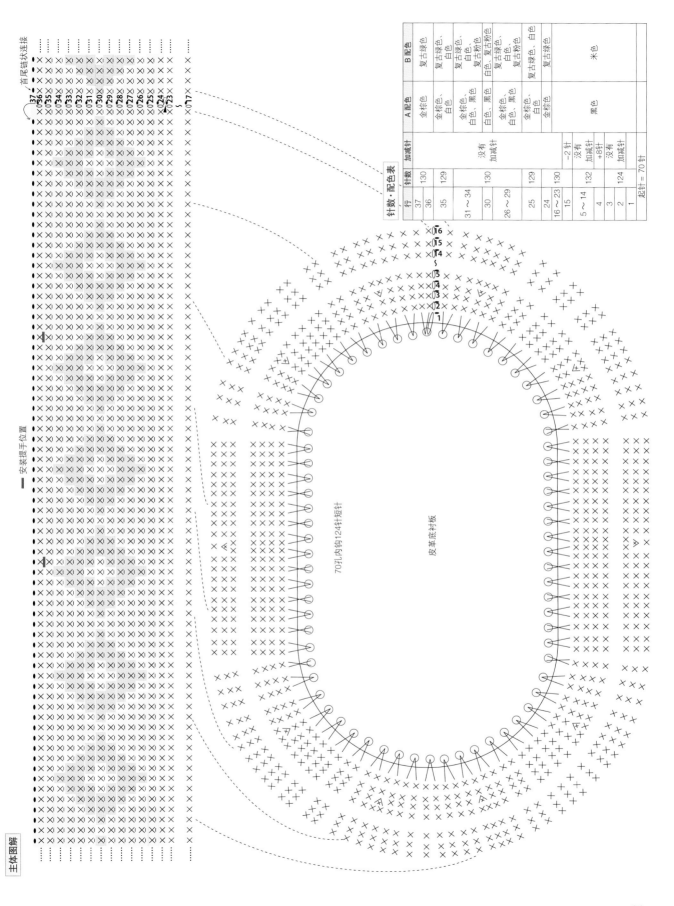

主体图解

安装提手位置

首尾链状连接

针数·配色表

行	针数	加减针	A 配色	B 配色
37	130		金棕色	复古绿色
36	130		金棕色	复古绿色、白色
35	129		金棕色、白色	复古绿色、白色
31～34	130	没有加减针	金棕色、白色、黑色	复古绿色、复古粉色
30	130		白色、黑色	白色、复古粉色
26～29	130		金棕色、白色、黑色	复古绿色、复古粉色
25	129		金棕色、白色	复古绿色、白色
24	130		金棕色	复古绿色、白色
16～23	130	-2针		
15	132	没有加减针		
5～14	132	+8针	黑色	米色
4	124	没有		
3	124	加减针		
2	124			
1	124			
起针 = 70 针				

70孔内钩124针短针

皮革底衬板

81

18 双色两用包

p.34

[线] A：HAMANAKA ECO ANDARIA 海水蓝色（72）240g、HAMANAKA WASH COTTON CROCHET 藏青色（124）65g、本白色（102）45g
B：HAMANAKA ECO ANDARIA 樱桃红色（37）240g、HAMANAKA WASH COTTON CROCHET 红色（136）65g、本白色（102）45g
[针] 6/0号钩针、毛线缝针、手缝针
[其他] A：亚麻布92cm×35cm、牛皮包带2cm×28cm 2根、手缝式磁扣(古铜色18mm)1组、机缝线(蓝色)、手缝线(蓝色)
B：牛皮包带1.5cm×90cm 2根、2cm×28cm 2根
[编织密度] 短针18针21行=10cm×10cm
[完成尺寸] 参照图示

[制作方法(步骤❶～❸A、B通用)]
※HAMANAKA ECO ANDARIA和HAMANAKA WASH COTTON CROCHET都是用2股线钩织。
❶手指绕线环起针，使用6/0号钩针，从线环中钩出7针短针，按图解加针，钩至第43行。
❷第44行换线，钩至最后一行。
❸使用菱斩，在牛皮包带（2cm×28cm）两端打孔，使用HAMANAKA WASH COTTON CROCHET线，平缝于指定位置（参照牛皮包带的安装方法）。
<A>参照亚麻肩带制作方法
❶亚麻布裁剪成2片（92cm×17cm），分别正面对齐，横向对折，使用蒸汽熨斗压烫平整。
❷按照图示车缝亚麻布，翻回正面，熨烫平整，返口内折缝合。
❸参考图示，把步骤❷完成的亚麻肩带与包袋边缘内侧12针目对齐，用回针缝缝合。
❹缝合磁扣。
<B>使用菱斩，在每条牛皮包带的两端打孔，使用HAMANAKA WASH COTTON CROCHET线，分别平缝于指定位置（参照牛皮包带的安装方法）。

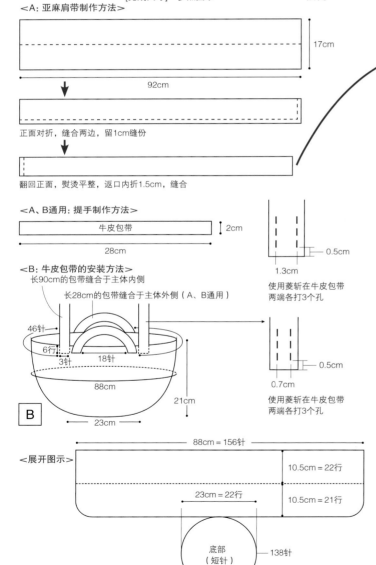

<A：亚麻肩带制作方法>

17cm

92cm

正面对折，缝合两边，留1cm缝份

翻回正面，熨烫平整，返口内折1.5cm，缝合

<A、B通用：提手制作方法>

牛皮包带 2cm

28cm

<B：牛皮包带的安装方法>
长90cm的包带缝合于主体内侧
长28cm的包带缝合于主体外侧（A、B通用）

46针
6行
3针
18针
88cm
23cm
21cm

0.5cm
1.3cm

使用菱斩在牛皮包带两端各打3个孔

0.5cm
0.7cm

使用菱斩在牛皮包带两端各打3个孔

对齐包袋边缘内侧12针目，用回针缝缝合

12针
3行
66针
4针

A

<展开图示>

88cm＝156针

10.5cm＝22行
23cm＝22行
10.5cm＝21行

底部（短针）
138针

针数·配色表

行	针数	加减针	A 配色	B 配色
65		没有加减针	海水蓝色、本白色	樱桃红色、本白色
44～64	156	没有加减针		
32～43		没有加减针		
31		+6针		
30	150	没有加减针		
29		没有加减针		
28		+6针		
27		没有加减针		
26	144	没有加减针		
25		+6针		
24		没有加减针		
23	138	没有加减针		
22				
21	132			
20	126			
19	120			
18	114			
17	108		海水蓝色、藏青色	樱桃红色、红色
16	102			
15	96	+6针		
14	90			
13	84			
12	78			
11	72			
10	66			
9	60			
8	54			
7	48			
6	42			
5	35	+7针		
4	28			
3	21			
2	14			
1	7			
起针＝7针				

主体图解

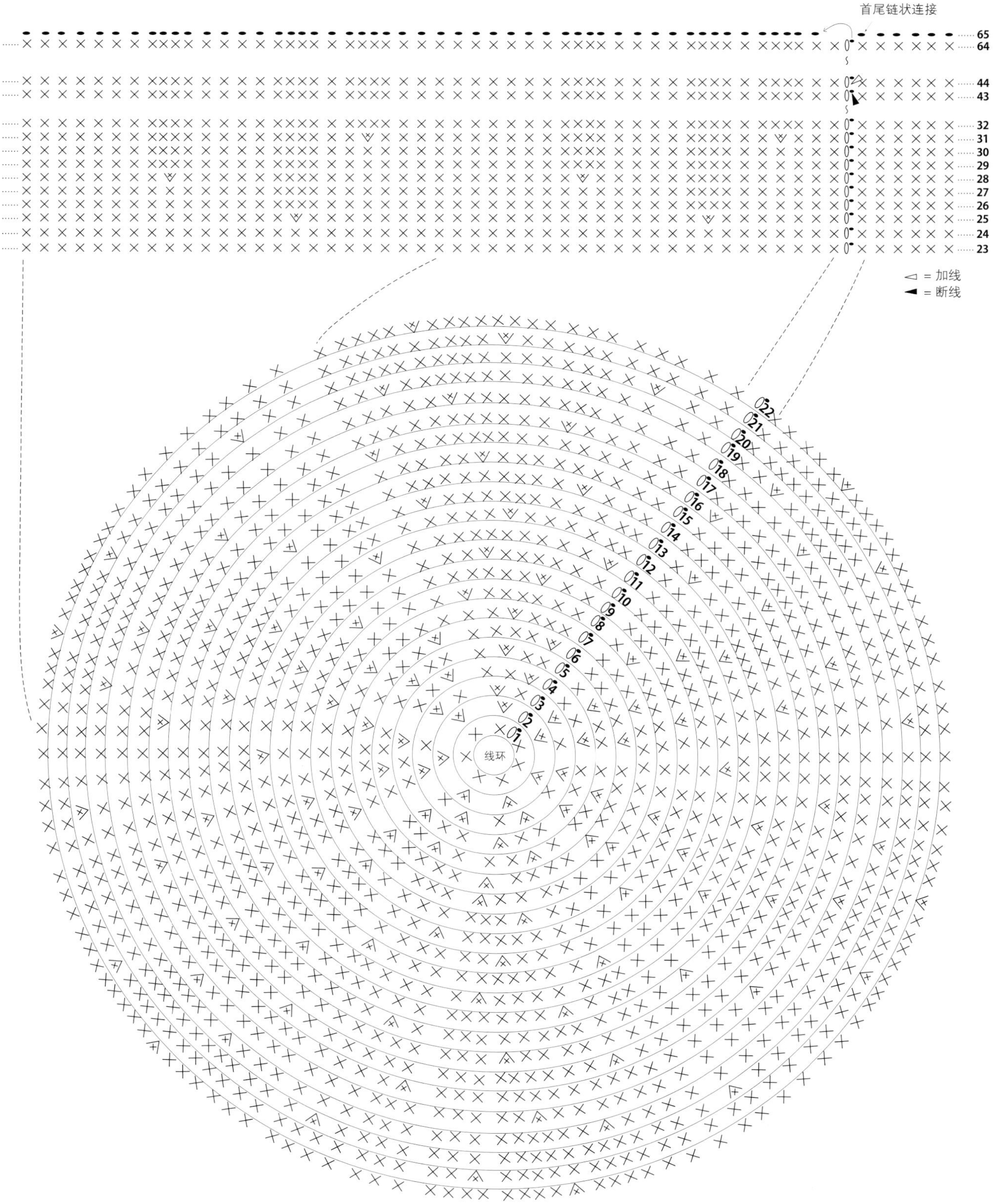
首尾链状连接
65
64
44
43
32
31
30
29
28
27
26
25
24
23
= 加线
= 断线
线环
1
2
3
4
5
6
7
8
9
10
11
12
13
14
15
16
17
18
19
20
21
22

19 亮色侧边四方包

p.36

[线] HAMANAKA ECO ANDARIA 米色(23)260g、复古黄色(69)60g
[针] 7/0号钩针、毛线缝针
[其他] AMIAMIFINE塑料网格片白色(H200-372-1)1片、圆形磁扣(18mm古铜色/H206-041-3)2组
[完成尺寸] 参照图示

[制作方法]
❶参照主体裁剪图示，裁剪出塑料网格片的各个部分。
❷钩织2片提手后片(参照提手后片纵向图解、横向图解)。
❸在提手后片安装磁扣(参照磁扣安装位置)。
❹钩织主体(参照主体钩编顺序图示)。
❺钩织2片侧面(参照侧面横向图解、侧面纵向图解、边缘图解)。
❻钩织主体边缘，组合主体与提手后片、侧面(参照主体组合方法、边缘图解)。
❼钩织提手边缘一周(参照主体组合方法、边缘图解)。
※塑料网格片上的钩编方法参照p.92。

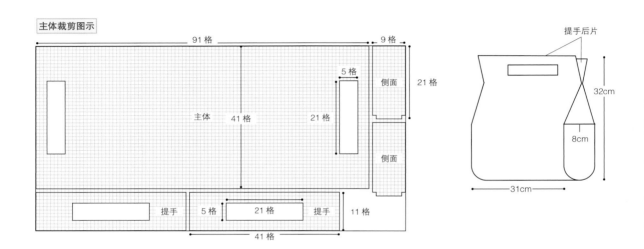

[制作方法] ❺

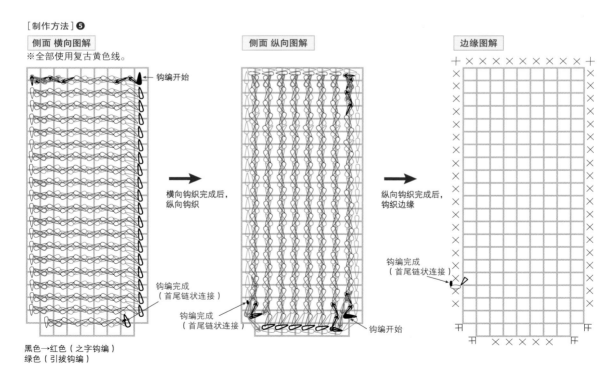

[制作方法] ❷❸

提手后片 纵向图解

※改变钩编方向时，粗体记号作为同色编织的第1针。

提手后片按照①→②→③→④→⑤→⑥的顺序进行之字钩编（参照p.92）。（①~⑤使用米色线，⑥使用复古黄色线）。

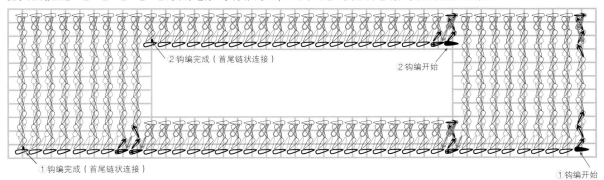

②钩编完成（首尾链状连接）　②钩编开始

①钩编完成（首尾链状连接）　①钩编开始

↓ 纵向钩织完成后，横向钩织

提手后片 横向图解

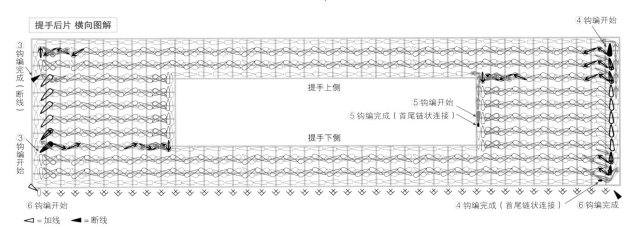

③钩编完成（断线）

③钩编开始

④钩编开始

提手上侧

⑤钩编开始
⑤钩编完成（首尾链状连接）

提手下侧

⑥钩编开始

④钩编完成（首尾链状连接）　⑥钩编完成

▷ = 加线　◀ = 断线

↓ 横向钩织完成后，安装磁扣

<磁扣安装位置>

提手后片　背面

85

[制作方法] ❹

主体钩编顺序图示

参照p.85提手后片纵向图解和横向图解，按①~③的顺序进行之字钩编。边缘引拔钩编，与主体正面拼接。为了便于理解，图示使用了不同颜色。

※主体全部使用米色线。

<主体纵向钩编方法>

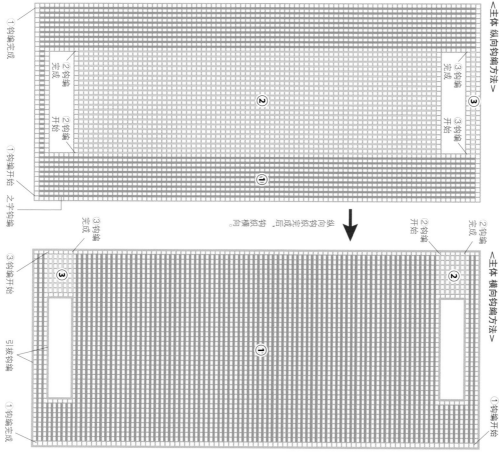

<主体横向钩编方法>

[制作方法] ❻❼

主体组合方法、边缘图解

※全部使用复古黄色线。

❶ 重叠标有同样记号的格子（提手后片和侧面的另一侧同样参照下图），同时钩主体网格片的格子和侧面网格片，边缘钩1针短针进行拼接（拼接侧面时，同时钩主体网格片的短针针目）。

❷ 提手部分的同时钩主体和提手后片2片网格片，钩织一圈短针拼接。

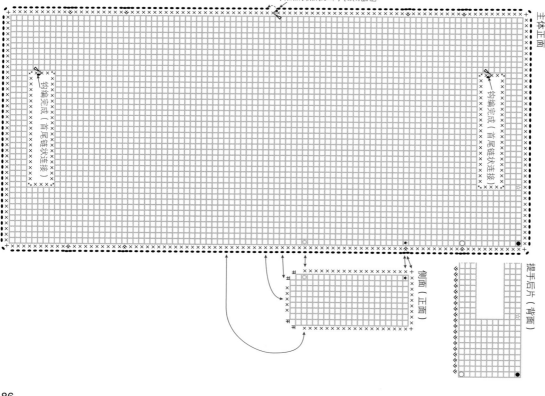

20 竹柄托特包

[线]　HAMANAKA ECO ANDARIA蓝绿色
（63）310g
[针]　6/0号钩针、毛线缝针
[其他]　竹制提手 D形（H210-632-1）1组
[编织密度]　编织花样4针1.9cm、2行2.2cm
= 1个花样，20针21行=10cm×10cm
[完成尺寸]　参照图示

[制作方法]
❶钩织主体。锁针起针69针，钩织至36行，没有加减针，最后一行
引拔钩编。完成2片主体。
❷钩织2片提手连接部分、1片侧边。
❸拼接侧边。侧边与主体正面对齐，钩短针拼接。
❹缝合提手连接部分。提手连接部分穿过提手，用卷针缝缝合，并
缝合于主体内侧。以同样的方法完成另一侧的提手（参照图示
A）。

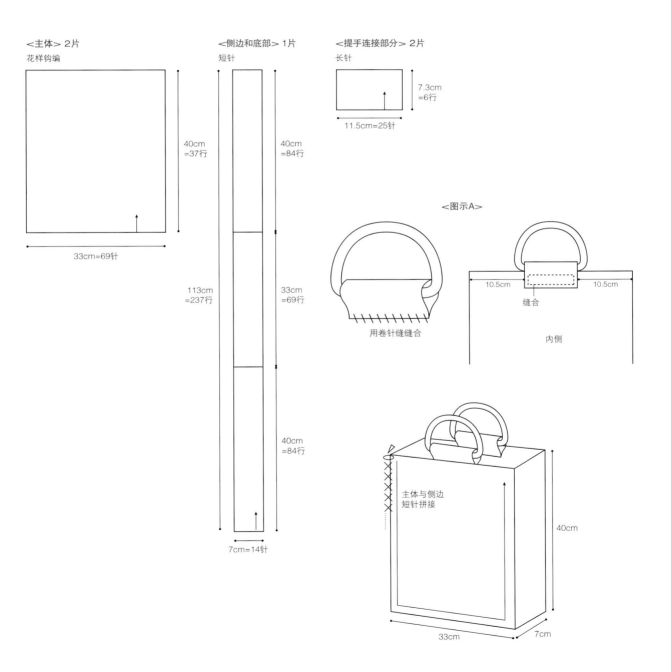

<主体> 2片
花样钩编

40cm
=37行

33cm=69针

<侧边和底部> 1片
短针

40cm
=84行

113cm
=237行

33cm
=69行

40cm
=84行

7cm=14针

<提手连接部分> 2片
长针

7.3cm
=6行

11.5cm=25针

<图示A>

用卷针缝缝合

10.5cm   10.5cm
缝合
内侧

主体与侧边
短针拼接

40cm

33cm   7cm

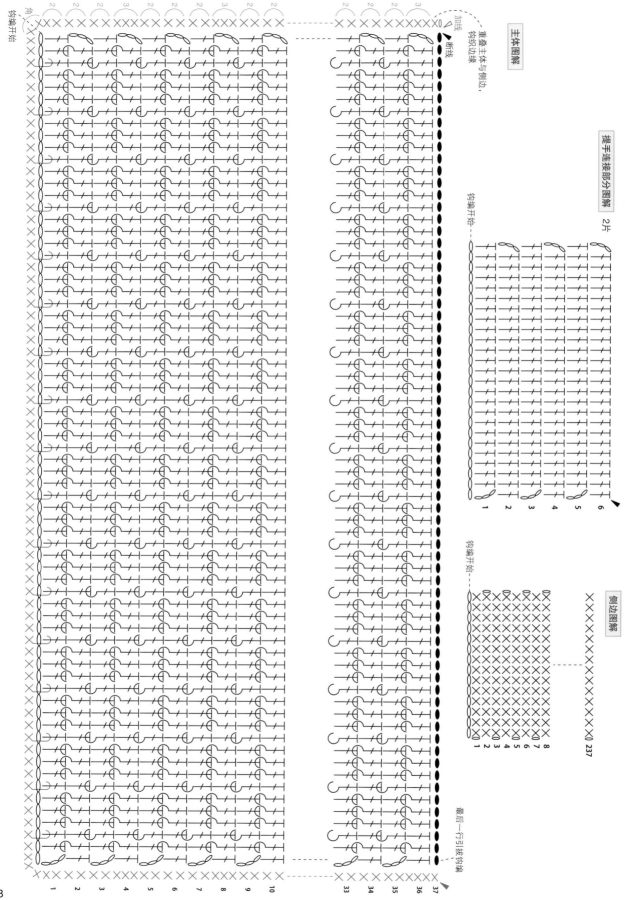

提手连接部分图解

2片

侧边图解

主体图解

88

21 网格刺绣包

[线] A：HAMANAKA ECO ANDARIA海水蓝色（72）40g
B：HAMANAKA ECO ANDARIA米色（23）、樱桃红色（37）各40g
[针] 毛线缝针
[其他] A：CANVAS塑料网格片白色（H202-226-1）4片
B：CANVAS塑料网格片黑色（H202-226-2）3片、双面胶带（宽1cm）
[完成尺寸] 参照图示

[制作方法]
❶参照主体裁剪图示，裁剪出塑料网格片的各个部分。
❷毛衣缝针穿线，在主体前片进行刺绣（参照p.65基础刺绣）。
❸分别裁剪掉主体前片和后片网格片上安装提手部分的多余格子（参照p.90、p.91刺绣图案）。
❹A：用卷针缝缝合主体前片和侧面上侧的边缘部分（参照图示A）。
　B：以和前片同样的方法，刺绣主体后片上侧的边缘部分。参照图示B，刺绣侧面。
❺用卷针缝缝合，组合网格片各个部分（参照图示C）。
❻提手两端各留出3.5cm（8格），两面粘贴双面胶带，一圈圈绕上线，A使用海水蓝色线，B使用樱桃红色线（参照图示D）。
❼把提手插入指定位置，弯折后用卷针缝缝合（参照图示E）。
※塑料网格片上的刺绣方法参照p.65。

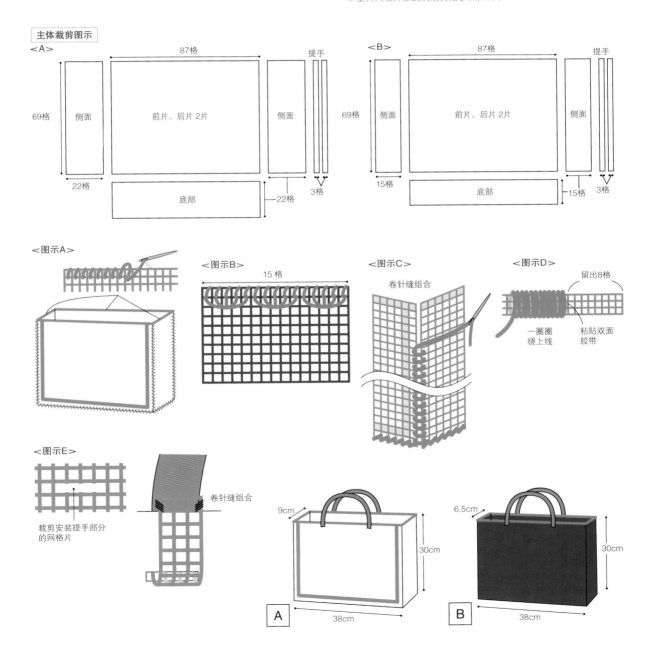

安装提手位置

安装提手位置

B刺绣图案

网格钩编方法

使用塑料网格片制作包袋时，在网格片上的基础的钩编方法。

[引拔钩编]　钩编开始

基础的钩编方法。

①钩针插入钩编开始的第1格，挂线，从后往前钩出1针作为起针。

②钩针插入下一格（上方相邻的1格），挂线。

③引拔。完成钩编的第1针。

④重复步骤②、③，进行引拔钩编。

[2针短针并1针]　钩编开始的格子

钩织提手等边缘部分。

①在钩编开始的格子里立织1针锁针，钩针再次插入同一个格子，挂线引拔。

②钩针插入下一格（左侧相邻的1格），挂线引拔。

③再次挂线引拔，完成1针。

④重复以上步骤，按照图解进行钩编。

[之字钩编]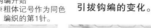　钩编开始

※粗体记号作为同色编织的第1针。

引拔钩编的变化。

①钩针插入钩编开始的第1格，挂线，从后往前钩出1针作为起针。

②按照钩编开始处的黑色引拔记号，钩第1针。

③继续钩黑色记号的引拔针。

④完成之字钩编中黑色记号的引拔钩编。

⑤引拔钩编至黑色记号的最后1针，网格片旋转180°，引拔钩编红色记号的第1针（红色粗线记号）。

⑥在已完成的黑色记号的引拔钩编上钩红色记号的引拔钩编，即为完整的之字钩编。

⑦网格片旋转180°，继续钩织下一列黑色记号的引拔钩编。

⑧完成黑色记号的引拔钩编。

⑨重复步骤⑤~⑧，完成全部纵向的钩编，最后一针引拔钩编完成后，留出15cm左右的线头，断线。使用毛衣缝针，将钩编开始处的线头穿入最后一针针目（首尾链状连接），在背面处理线头。

⑩纵向钩编完成后，网格片旋转90°，以同样的方法横向钩编。

在纵向钩编基础上完成横向钩编的织物。

[换线方法]

①准备换线时，A线钩短针的最后一针引拔，钩针在网格片背面挂B线，沿箭头方向引拔。

②完成换线。钩针插入上一行的下一针针目和格子。

③钩针挂B线，沿箭头方向引拔，包住A线和B线的线头。

④钩针插入下一格（左侧相邻的1格），挂B线钩短针。继续钩短针，包住A线，直到换回使用A线。

钩针编织符号表　本书中主要使用的钩针编织符号。

锁针　钩针挂线，引拔钩出。

引拔针　将钩针插入上一行的针目，把线挂在钩针上，引拔钩出。

短针　立织1针锁针，这针锁针不计入针数。将钩针插入上半针和里山，挂线引拔。再次挂线，一次钩过针上2个线圈。

立织1针　　钩针插入上半针和里山

反短针　不翻转织物，从左向右钩短针。

     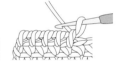

1针放2针短针　在同一针目上钩2针短针。

 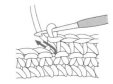  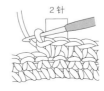

2针　　增加1针

里引短针　钩针如图所示挑上一行针目的尾部，钩短针。

   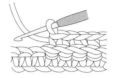

首尾链状连接　使用毛线缝针，把钩编结束针目的余线穿过钩编开始处的针目，再穿回结束针目，在背面处理线头。

中长针　钩针挂线引拔，再次挂线，一次钩过针上 3 个线圈。

    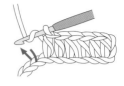

基础针目　立织 2 针

长针　钩针挂线引拔，再次挂线，一次钩过针上 2 个线圈，重复 2 次。

基础针目　立织 3 针

长长针　钩针 2 次挂线引拔，再次挂线，一次钩过针上 2 个线圈，重复 3 次。

绕线 2 圈

2 针长针并 1 针　在箭头所示位置，钩出 2 针未完成的长针，再次挂线，一起钩过所有线圈。

1 针放 3 针长针
在同一针目里钩 3 针长针。

1 针放 2 针长针
在同一针目里钩 2 针长针。

  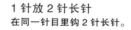  

主要材料和工具

线 /ECO ANDARIA

由木浆中提取的天然纤维制成的线。色彩变化丰富，顺滑易于编织。

钩针

HAMANAKA 双头钩针，使用 4/0~7.5/0 号。

毛线缝针

在塑料网格片上进行钩编或刺绣时使用。

表引长针（长针的正拉针）
钩针挑前一行针目尾部，钩1针长针。

表引长长针（长长针的正拉针）
钩针挑前一行针目尾部，钩1针长长针。

里引长针（长针的反拉针）　钩针从背面挑前一行针目尾部，钩1针长针。

3针中长针枣形针　在同一针目中钩3针未完成的中长针，钩针挂线，一次钩过针上所有线圈。

第2针　　　　第1针
第3针　　　　　　　　　　　　1针锁针

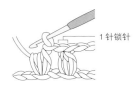

3针长针枣形针
在同一针目中钩3针未完成的长针，钩针挂线，一次钩过针上所有线圈。

2针长针枣形针
在同一针目中钩2针未完成的长针，钩针挂线，一次钩过针上所有线圈。

5针长针爆米花针
在同一针目中钩5针长针，退出钩针，从第1针长针处插入，套上第5针，按箭头方向引拔，再钩1针锁针。

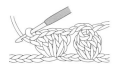

ECO ANDARIA
专用防污喷雾

均匀喷在完成的包袋上，可以起到防污的作用。

塑料网格片

钩编使用 AMIAMIFINE（约 6mm 1 格）网格片，刺绣使用 CANVAS（约 3mm 1 格）网格片。可以使用剪刀或美工刀进行裁剪、切割。

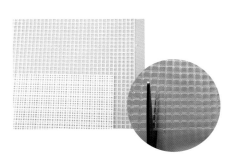

备案号：豫著许可备字—2020—A—0174

图书在版编目（CIP）数据

第一次也能学会的编织手作大牌包/日本文艺社编著；项晓笈译.—郑
州：河南科学技术出版社，2021.1（2023.5重印）
ISBN 978—7—5725—0199—9

Ⅰ.①第… Ⅱ.①日… ②项… Ⅲ.①包袋—钩针—编织 Ⅳ.①TS935.521

中国版本图书馆CIP数据核字（2020）第213790号

出版发行：河南科学技术出版社
　　　　　地址：郑州市郑东新区祥盛街27号　邮编：450016
　　　　　电话：（0371）65737028　65788613
　　　　　网址：www.hnstp.cn
策划编辑：梁莹莹
责任编辑：梁莹莹
责任校对：金兰苹
封面设计：张　伟
责任印制：张艳芳
印　　刷：河南匠心印刷有限公司
经　　销：全国新华书店
开　　本：889 mm×1 240 mm　1/16　印张：6　字数：210千字
版　　次：2021年1月第1版　2023年5月第2次印刷
定　　价：49.80元